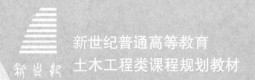

新世纪普通高等教育
土木工程类课程规划教材

微课版

砌体结构

（第三版）

总主编 李宏男

主　编　张玉敏　毕永清

副主编　宋　尧　高秀娟

QITI JIEGOU

U0245107

印象书院

运用**AR+3D**技术，打造互动学习新体验

大连理工大学出版社

图书在版编目(CIP)数据

砌体结构 / 张玉敏，毕永清主编. -- 3 版. -— 大连：大连理工大学出版社，2024.2
新世纪普通高等教育土木工程类课程规划教材
ISBN 978-7-5685-3781-0

Ⅰ. ①砌… Ⅱ. ①张… ②毕… Ⅲ. ①砌体结构－高等学校－教材 Ⅳ. ①TU36

中国版本图书馆 CIP 数据核字(2022)第 054985 号

大连理工大学出版社出版
地址：大连市软件园路 80 号　邮政编码：116023
发行：0411-84708842　邮购：0411-84708943　传真：0411-84701466
E-mail：dutp@dutp.cn　　　URL：https://www.dutp.cn
大连益欣印刷有限公司印刷　　大连理工大学出版社发行

幅面尺寸：185mm×260mm　　印张：11.5　　字数：280 千字
2013 年 1 月第 1 版　　　　　　　2024 年 2 月第 3 版
2024 年 2 月第 1 次印刷

责任编辑：王晓历　　　　　　　　　　责任校对：齐　欣
封面设计：对岸书影

ISBN 978-7-5685-3781-0　　　　　　　　定　价：39.80 元

新世纪普通高等教育土木工程类课程规划教材编审委员会

苏振超　厦门大学

李　哲　西安理工大学

李伙穆　闽南理工学院

李素贞　同济大学

李晓克　华北水利水电大学

李帼昌　沈阳建筑大学

何芝仙　安徽工程大学

张　鑫　山东建筑大学

张玉敏　济南大学

张金生　哈尔滨工业大学

陈长冰　合肥学院

陈善群　安徽工程大学

苗吉军　青岛理工大学

周广春　哈尔滨工业大学

周东明　青岛理工大学

赵少飞　华北科技学院

赵亚丁　哈尔滨工业大学

赵俭斌　沈阳建筑大学

郝冬雪　东北电力大学

胡晓军　合肥学院

秦　力　东北电力大学

贾开武　唐山学院

钱　江　同济大学

郭　莹　大连理工大学

唐克东　华北水利水电大学

黄丽华　大连理工大学

康洪震　唐山学院

彭小云　天津武警后勤学院

董仕君　河北建筑工程学院

蒋欢军　同济大学

蒋济同　中国海洋大学

前　言

　　《砌体结构》(第三版)是新世纪普通高等教育教材编审委员会组编的土木工程类课程规划教材之一。

　　本教材以砌体结构理论和我国现行的《砌体结构设计规范》(GB 50003—2011)以及相关标准、规范为依据,在保留原教材总体结构和风格的基础上进行修订。主要修改内容为:对第 2 章～第 6 章的部分内容、图表编排做了补充和修订;对例题和习题予以进一步充实、丰富。

　　本教材结合土木工程专业的培养目标和基本要求,加强针对性,突出应用性和实用性;理论部分概念简练、表达清楚,工程应用方面注重体现工程概念和结构构造要求,通过工程实例加深学生对结构设计原理和构造要求的理解。

　　本教材内容及深度适用性广泛,主要章节均配有典型例题,对解题方法的介绍清楚细致、步骤完整,思考题和习题内容全面,紧扣关键概念和关键构造要求,可作为高等学校土木工程专业与相近专业砌体结构课程教材,也可作为建筑结构设计、施工、科研及工程技术人员的参考用书。

　　在"互联网+"新工科背景下,我们也在不断探索创新型教材的建设,将传统与创新融合、理论与实践统一,采用 AR 技术打造实时 3D 互动教学环境。编者在教材中精选十几个知识点,涉及教学中的重点和难点,将静态的理论学习与 AR 技术结合,在教材中凡是印有 AR 标识的知识点,打开印象书院 App 对着教材中的平面效果图轻轻一扫,屏幕上便马上呈现出生动立体的零件图,随着手指的滑动,可以从不同角度观看各个部位结构,还可以自己动手进行装配,将普通的纸质教材转换成制作精美的立体模型,使观者可以 720°观察其中的丰富细节,给教师和学生带来全新的教学与学习体验。

　　本教材响应二十大精神,推进教育数字化,建设全民终身学习的学习型社会、学习型大国,及时丰富和更新了数字化微课资源,以二维码形式融合纸质教材,使得教材更具及时性、内容的丰富性和环境的可交互性等特征,使读者学习时更轻松、更有趣味,促进了碎片化学习,提高了学习效果和效率。

本教材由济南大学张玉敏,天津城建大学毕永清任主编;由济南四建(集团)有限责任公司宋尧,齐鲁理工学院高秀娟任副主编。具体编写分工如下:第1、第3章由毕永清编写;第2章由宋尧编写;第4、第6章由张玉敏编写;第5章由高秀娟编写。全书由张玉敏统稿。

在编写本教材的过程中,编者参考、引用和改编了国内外出版物中的相关资料以及网络资源,在此表示深深的谢意!相关著作权人看到本教材后,请与出版社联系,出版社将按照相关法律的规定支付稿酬。

限于水平,书中也许仍有疏漏和不妥之处,敬请专家和读者批评指正,以使教材日臻完善。

编　者

2024 年 2 月

所有意见和建议请发往:dutpbk@163.com

欢迎访问高教数字化服务平台:https://www.dutp.cn/hep/

联系电话:0411-84708462　84708445

目　　录

第1章

绪　论

带你走进砌体结构

教学提示

本章叙述了砌体结构的发展概况,介绍了砌体结构的优缺点、应用范围以及砌体结构的发展展望。

教学要求

本章让学生了解砌体结构发展概况,理解和掌握砌体结构的优缺点,了解砌体结构的应用范围及发展前景。

1.1　砌体结构发展概况

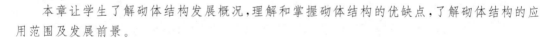

砌体结构是指由块体和砂浆砌筑而成的墙、柱作为建筑物主要受力构件的结构。是砖砌体、砌块砌体和石砌体结构的统称。

砌体结构在我国有着悠久的应用历史。早在 5 000 年前就建造有石砌祭坛和石砌围墙;在隋代(公元 590~608 年)由李春所建造的河北赵县安济桥,是世界上最早的单孔敞肩式圆弧石拱桥,安济桥全长为 64.4 m,桥宽 9 m,两端宽 9.6 m,主拱净跨 37.02 m,拱矢 7.23 m,桥体由 28 道并列券拱砌筑。主拱的两端各有两个小拱,小拱净跨为 2.85 m 和 3.81 m,主拱结合小拱的设计构造,既满足了荷载要求,又增大了泄洪能力,它无论在材料使用、结构受力,还是在艺术造型和经济上,都达到了相当高的成就,该桥已被美国土木工程学会选入世界第 12 个土木工程里程碑。建于北宋(公元 1053～1059 年)的福建泉州万安桥,原长 1 200 m,现长 834 m,宽 4.5 m;公元 1189 年建造的北京卢沟桥,长 266.5 m,宽 7.5 m,至今仍在使用中。

中国是砌体大国,素有"秦砖汉瓦"之说,足见砌体结构的悠久历史。人们生产和使用烧结砖瓦已有 3 000 多年的历史,在西周时期(公元前 1134 年～公元前 771 年)已烧制出黏土瓦和铺地砖;战国时代(公元前 475 年～公元前 221 年)已能烧制大尺寸空心砖,南北朝以后,砖的应用更为普遍;北魏(公元 386～534 年)孝文帝建于河南的嵩岳寺塔;始建于北齐(公元 550～577 年)天保十年的河南开封铁塔(采用异型琉璃砖砌成,呈褐色,俗称铁塔);公元 1055 年建成的河北定县开元寺塔,是当时世界上最高的砌体结构;明代建造的南京灵谷寺无梁殿走廊的砖砌穹隆等,是我国古代砖石建筑的杰作。

举世闻名的万里长城,它始建于公元前 7 世纪春秋时期的楚国。在秦代用乱石和土将秦、赵、燕北面的城墙连接起来,总长达 1 万余里,它是我国砌体结构史上光辉的一页。春秋战国时期(公元前 256 年～公元前 251 年)始建于秦昭王末年的四川都江堰大型引水枢纽,是世界历史上最长的无坝引水工程,此工程一直沿用至今。

在世界上许多文明古国,应用砌体结构的历史也相当久远。约公元前 2670 年在埃及采用块石建成的三座大金字塔;公元 70～82 年古罗马采用石结构建成的罗马大角斗场;中世纪的欧洲用砖砌筑的拱、券、穹隆和圆顶等结构也得到了很大发展,如建成于公元 537 年的位于伊斯坦布尔的索菲亚大教堂,是一座用砖砌球壳、石砌半圆拱和巨型石柱组成的宏伟砖石建筑;始建于 1163 年,约建成于 1180 年的巴黎圣母院,采用的是以柱墩骨架、券拱和飞扶壁等组成的砖石框架结构,墙体不承重。到了近代,国外采用砌体作为承重构件建造了许多高层建筑。1891 年美国芝加哥建造了一幢 17 层砖房,由于当时的技术条件限制,其底层承重墙厚 1.8 m。1933 年美国加利福尼亚长滩大地震中无筋砌体严重震害,之后推出了配筋混凝土砌块结构体系,建造了大量的多层和高层配筋砌体建筑,如 1952 年建成的 26 幢 6～13 层的美国退伍军人医院,1966 年在圣地亚哥建成的 8 层海纳雷旅馆和洛杉矶 19 层公寓等,这些砌块建筑大部分都经历了强烈地震的考验。1990 年美国内华达州拉斯维加斯建成了 4 栋 28 层配筋砌块旅馆;1957 年瑞士苏黎世采用抗压强度 58.8 MPa,孔洞率为 28% 的多孔砖建成 19 层和 24 层塔式住宅,砖墙仅 380 mm 厚,引起了各国的兴趣和关注。

20 世纪上半叶我国砌体结构的发展缓慢。新中国成立后,砌体结构得到了迅速发展,取得了显著的成就,90% 以上的墙体均采用砌体材料。我国已从过去用砖石建造低矮的民房,发展到现在建造大量的多层住宅、办公楼等民用建筑和中、小型单层工业厂房、多层轻工业厂房以及影剧院、食堂、仓库等建筑,此外还用砖石建造小型水池、料仓、烟囱、渡槽、水塔等各种构筑物,如在江苏省镇江市建成的顶部外径 2.18 m、底部外径 4.78 m、高 60 m 的砖砌烟囱;用料石建成的 80 m 高排气塔;在湖南建造的高 12.4 m、直径 6.3 m、壁厚 240 mm 的砖砌粮仓群;著名的河南林州市长达 1 500 km 的引水灌溉工程——红旗渠也大量采用石砌渡槽;在福建用石砌体建成横跨云霄、东山两县的大型引水工程,其中陈岱渡槽全长超过 4 400 m,高 20 m,渡槽支墩共 258 座。桥梁工程中也广泛采用了砌体结构,如 1971 年建成的四川丰都九溪沟变截面敞肩式公路石拱桥,跨度为 116 m;2000 年建成的位于山西省晋城—焦作高速公路上的丹河石拱桥,净跨度达 146 m,是目前世界上跨度最大的石拱桥。20 世纪 60 年代以来,我国小型空心砌块和多孔砖的生产及应用有较大发展,近十多年砌块与砌块建筑的年递增量均在20%左右。20世纪60年代末我国已提出墙体材料革新,1988年至今我国墙体材料革新已迈入第三个重要的发展阶段。20世纪90年代以来,在吸收和消化国外配筋砌体结构成果的基础上,建立了具有我国特点的配筋混凝土砌块砌体剪力墙结构体系,大大拓宽了砌体结构在高层房屋及其在抗震设防地区的应用。如1997年在辽宁盘锦市建成一栋15层配筋砌块剪力墙式住宅楼;1998年上海建成了一栋配筋砌块剪力墙18层塔楼;2000年抚顺建成一栋6.6 m大开间12层配筋砌块剪力墙板式住宅楼;2007年湖南株洲建成了19层配筋砌块剪力墙住宅楼。

纵观历史,砌体结构发展迅速,已成为我国工程应用最为广泛的结构类型之一。

1.2 砌体结构的优缺点及其应用范围

1.2.1 砌体结构的优缺点

砌体结构之所以如此广泛地被应用,是因为它有着以下优点:

(1)可就地取材,造价低廉。石材、黏土、砂等是天然材料,分布广,可就地取材,价格也较水泥、钢材、木材便宜。此外,工业废料如煤矸石、粉煤灰、页岩等都是制作块材的原料,用来生产砖或砌块既有利于节约天然资源、降低造价,又有利于保护环境。

(2)有很好的耐火性和较好的耐久性,较好的化学稳定性和大气稳定性,使用年限长。

(3)保温、隔热性能好,节能效果明显。

(4)施工设备简单,施工技术上无特殊要求。由于新砌体即可承担一定荷载,故可实现连续施工作业,在寒冷地区,必要时还可以用冻结法施工。

(5)当采用砌块或大型板材作墙体时,可以减轻结构自重,加快施工进度,进行工业化生产和施工。采用配筋混凝土砌块的高层建筑较现浇钢筋混凝土高层建筑可节约模板,加快施工进度。

砌体结构也存在下述一些缺点:

(1)砌体结构的自重大。一般砌体的强度较低,故必须采用截面尺寸较大的墙、柱构件,耗用材料多,自重也大。

(2)砌体的抗震和抗裂性能较差。砌筑砂浆和砖、石、砌块之间的黏结力较弱,因此无筋砌体的抗拉、抗弯及抗剪强度都很低,造成砌体抗震和抗裂性能较差。

(3)砌筑施工劳动强度大。砌筑大都是采用手工方式操作,一块砖、一铲灰、一弯腰地循环往复,砌筑工作量大,劳动强度高,生产效率低。

(4)黏土砖制造耗用黏土,影响农业生产不利于环保。烧制黏土砖不仅占用大量农田,影响农业生产,而且耗能大,还对环境造成污染。

1.2.2　砌体结构的应用范围

由于砌体结构具有很多明显的优点,因此应用范围广泛。但由于砌体结构存在的缺点,也限制了它在某些场合下的应用。

民用建筑中的基础、墙、柱和地沟等构件都可用砌体结构建造,这些构件主要承受轴向压力作用。无筋砌体房屋一般可建5~6层,不少城市已建7~8层;配筋砌块剪力墙结构房屋可建10~20层。在某些盛产石材的地区,也建有不少以毛石或料石作承重墙的房屋,但一般在6层以下。

工业厂房建筑中,通常采用砌体砌筑围护墙。对中、小型单层厂房和多层轻工业厂房,以及影剧院、食堂、仓库等建筑,也广泛地采用砌体作墙身或立柱的承重结构。

对一些特种结构,如烟囱、料斗、地沟、管道支架和对抗渗要求不高的水池等结构,也可采用砌体结构建造。

在交通运输方面,砌体结构可用于桥梁、隧道工程,各种地下渠道、涵洞、挡土墙等也常用石材砌筑。在水利工程方面,可用石材砌筑坝、堰、渡槽等。

砌体结构是用单个块材和砂浆用手工砌筑而成的,其砌筑质量较难保证均匀一致,整体性较差,再加上无筋砌体抗拉强度低、抗裂抗震性能较差等缺点,在应用时应注意有关规范、规程的使用范围。在地震区采用砌体结构,应采取必要的抗震措施。

1.3　砌体结构的发展展望

砌体结构由于取材方便、生产和施工方法简便、造价低廉等优点,所以至今仍为我国一种主导的结构形式。但与钢结构和混凝土结构等其他结构相比,传统砌体结构中块材存在着自重大、强度低、生产耗能高、机械化水平低、抗震性能差的特点,所有这些都抑制着砌体结构的发展。因此有必要继续发展和完善其结构性能,需要做好以下几方面的工作。

(1)积极发展新材料

应加强对轻质、高强的砖和砌块以及高黏结强度的砂浆的研究和应用,积极发展黏土砖的替代产品。目前我国的砌体材料与发达国家相比还存在一定差距,主要是强度低、耐久性差,有必要采取有力措施迅速提高砖和砌块的强度和质量。另外,可因地制宜,就地取材,在黏土资源丰富的地区,积极发展高强黏土制品、高空隙率的保温砖和外墙装饰砖、块材等。而在少黏土的地区,要限制使用或取消黏土砖,积极发展黏土砖的替代产品,如蒸压灰砂普通砖、蒸压粉煤灰普通砖、混凝土砌块、轻集料混凝土砌块、混凝土普通砖以及混凝土多孔砖等,以节省耕地、保护环境。

在发展高强块材的同时,也应研制高强度等级的砌筑砂浆。目前,我国常用砂浆强度一般为2.5~10 MPa,与块体之间的黏力不大。应大力研制和推广与新型墙体材料配套的高黏结强度砂浆,以提高块材之间的黏结性能和砌体结构房屋的整体性及抗裂能力。

（2）积极推广应用配筋砌体结构

国外的经验和我国的研究结果及试点工程都已表明,在中高层建筑(8～19)中,采用配筋砌体尤其是配筋砌块砌体剪力墙,可提高砌体的强度和抗裂性,能有效地提高砌体结构的整体性和抗震性能,而且节约钢筋和木材,施工速度快,经济效益显著。今后应在中高层建筑尤其是住宅建筑中积极推广应用配筋砌体结构,扩大砌体结构的应用范围。

（3）加强对防止和减轻墙体裂缝构造措施的研究

砌体结构是由单块砖或砌块用砂浆砌筑而成的,其抗拉强度和抗剪强度较低,墙体在温度变化或地基发生不均匀沉降时容易产生裂缝,尤其是一些非烧结的块材收缩变形较大,更容易出现裂缝。随着我国人民生活水平的提高,对房屋建筑质量的要求也不断提高,墙体开裂的问题已日益引起重视。今后应加强对砌体裂缝的产生机理和防止、减轻墙体裂缝措施的研究,以进一步提高砌体结构房屋的质量。

（4）加强砌体结构理论的研究

进一步研究砌体结构的受力性能和破坏机理,通过数学和力学模型,建立精确而完整的砌体结构理论,积极探索新的砌体结构形式,是世界各国所关注的课题。我国在这方面的研究具有较好的基础,有的题目有一定的深度。今后应继续加强这方面的研究,并进一步改进实验技术,使测试和数据处理自动化,以得到更精确的实验和分析结果。此外,还应重视砌体结构的耐久性以及对砌体结构修复补强的研究。

（5）革新砌体结构的施工技术,提高劳动效率和减轻劳动强度

砌体结构传统上是采用手工方式砌筑,劳动强度大,生产效率低,且施工质量不易保证。有必要改变传统的砌体结构建造方式,提高生产的工业化、机械化水平,从而减轻繁重的体力劳动,加快工程建设速度。因此,砌体结构在块材和结构形式的选取上应多采用空心、大块块材和大型预制墙板以加快施工速度,在施工工艺上应提高砂浆和块材的运输、灌注和铺砌的机械化水平。还应注意对砌体结构施工质量控制体系和质量检测技术的研究,进一步提高砌体结构的施工质量。

当前,砌体结构正处在一个蓬勃发展的新时期。国外学者指出:"砌体结构有吸引力的功能特性和经济性,是它获得新生的特点。我们不应停留在这里,我们正进一步赋予砌体结构以新的概念和用途"。国内外的砌体结构工作者对砌体结构的未来也满怀信心和希望。我们相信,随着科学技术的进步,经济建设的继续发展,砌体结构必将在现代化建设中发挥更大的作用。砌体结构是大有发展前途的。

本章小结

（1）砌体结构是指由块体和砂浆砌筑而成的墙、柱作为建筑物主要受力构件的结构。是砖砌体、砌块砌体和石砌体结构的统称。

（2）砌体结构的主要优点是可就地取材,造价低廉;有很好的耐火性和较好的耐久性,较好的化学稳定性和大气稳定性,使用年限长;保温、隔热性能好,节能效果明显;施工设备简单,施工技术上无特殊要求,可连续施工等。其缺点主要是自重大;抗拉、抗弯及抗剪强度低,抗震和抗裂性能较差;砌筑施工劳动强度大,生产效率低;占用农田,污染环境等。由于砌体结构具有很多明显的优点,因此应用范围广泛。但由于砌体结构存在的缺点,也限制了

它在某些场合下的应用。

（3）砌体结构的主要发展方向是积极发展新材料，研究具有轻质、高强、低能耗的块体材料；研发具有高强度、特别是具有高黏结强度的砂浆；充分利用工业废料，发展节能墙体。加强约束砌体与配筋砌体等新型砌体结构开发，提高结构的抗震性能；加强对防止和减轻墙体裂缝构造措施的研究；进一步研究砌体结构的受力性能和破坏机理，建立精确而完整的砌体结构理论；革新砌体结构的施工技术，提高劳动生产率。

思考题

1-1　什么是砌体结构？砌体结构可分为哪几类？

1-2　砌体结构有哪些优缺点？有哪些应用范围？

1-3　砌体结构的发展展望如何？

第2章

砌体及其设计方法

砌体

教学提示

　　本章叙述了砌体材料及其强度等级,介绍了常见砌体的种类,较详细地叙述了砌体受压、受拉、受弯、受剪的性能以及影响砌体抗压强度的主要因素,给出了砌体在各种受力条件下的强度计算公式。介绍了砌体的弹性模量、线膨胀系数及摩擦系数等基本物理力学性能;简要叙述了砌体结构以概率理论为基础的极限状态设计方法,以及砌体强度标准值和设计值的取值原则;最后介绍了砌体结构的耐久性。

教学要求

　　本章应让学生了解组成砌体的材料及其强度等级与设计要求、砌体的种类以及砌体的各种物理力学性能,重点掌握轴心受压砌体的破坏特征,深刻理解影响砌体抗压强度的主要因素,能够正确选用砌体的各种强度值;了解极限状态设计方法和砌体结构耐久性的基本概念,掌握耐久性设计内容。

2.1　　砌体材料及强度等级

砌体材料包括块体、砂浆和灌孔混凝土。

2.1.1 块体及强度等级

1.块体

块体是组成砌体的主要材料。目前我国常用的砌体块体有砖、砌块、石材。

（1）砖

用于砌体结构的砖主要有烧结普通砖、烧结多孔砖、蒸压灰砂普通砖、蒸压粉煤灰普通砖和混凝土砖五种。

烧结普通砖是由以煤矸石、页岩、粉煤灰或黏土为主要原材料，经过焙烧而成的实心砖，分为烧结煤矸石砖、烧结页岩砖、烧结粉煤灰砖和烧结黏土砖等。烧结普通砖的规格尺寸为 240 mm×115 mm×53 mm，烧结普通砖强度较高，保温隔热及耐久性能良好，生产工艺简单，砌筑方便，可用于各种房屋的地上及地下结构。

烧结多孔砖是以煤矸石、页岩、粉煤灰或黏土为主要原料经焙烧而成的，其孔洞率不大于35%，孔的尺寸小而数量多，简称多孔砖。多孔砖主要用于承重部位，砌筑时孔洞方向垂直于受压面。我国主要采用的空心砖规格有三种：KM1 型、KP1 型和 KP2 型，其中符号 K 表示空心，M 表示模数，P 表示普通，即前者为模数多孔砖，后者为普通多孔砖。KM1 型砖的规格尺寸为 190 mm×190 mm×90 mm，以及相应的配砖，如图 2-1 所示；KP1 型砖的规格尺寸为 240 mm×115 mm×90 mm，KP2 型砖的规格尺寸为 240 mm×180 mm×115 mm，以及相应的配砖，如图 2-2 所示。

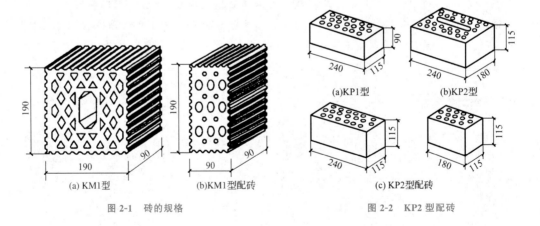

(a) KM1型   (b)KM1型配砖

图 2-1　砖的规格

(a)KP1型   (b)KP2型

(c) KP2型配砖

图 2-2　KP2 型配砖

烧结空心砖是以煤矸石、页岩、粉煤灰或黏土为主要原料，经焙烧而成的，其孔洞率大于25%，孔的尺寸大而数量少，简称空心砖。孔洞率达 40%～60% 的砖，又称大孔空心砖，主要用于非承重墙和填充墙体，如图 2-3 所示。对用于承重墙的砖，为了避免砖的承载力降低过多，其孔洞率不宜超过 40%。

烧结多孔砖和烧结空心砖与实心砖相比，可减轻结构自重，节省砌筑砂浆，提高施工效率,改善绝热性能和隔声性能,此外黏土用量与耗能亦可相应减少。

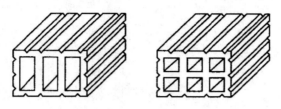

图 2-3 大孔空心砖

蒸压灰砂普通砖是以石灰等钙质材料和砂等硅质材料为主要原料,经坯料制备、压制排气成型、高压蒸汽养护而成的实心砖,具有强度高、大气稳定性好等特点。

蒸压粉煤灰普通砖是以石灰、消石灰(如电石渣)或水泥等钙质材料与粉煤灰等硅质材料及集料(砂等)为主要原料,掺加适量石膏,经坯料制备、压制排气成型、高压蒸汽养护而成的实心砖。这种砖的抗冻性、长期强度稳定性以及防水性能等均不及烧结砖,可用于一般建筑。

蒸压灰砂普通砖和蒸压粉煤灰普通砖的规格尺寸与烧结普通砖相同。蒸压灰砂普通砖、蒸压粉煤灰普通砖等蒸压硅酸盐砖不得用于长期受热 20 ℃以上、受急冷急热和有酸性介质侵蚀的建筑部位。

混凝土砖是以水泥为胶结材料,以砂、石等为主要集料,加水搅拌、成型、养护制成的一种多孔的混凝土半盲孔砖或实心砖。多孔砖的主要规格尺寸为 240 mm×115 mm×90 mm、240 mm×190 mm×90 mm、190 mm×190 mm×190 mm 等;实心砖的主要规格尺寸为 240 mm×115 mm×53 mm、240 mm×115 mm×90 mm 等,可替代黏土砖砌筑承重墙体。混凝土多孔砖的外形如图 2-4 所示。

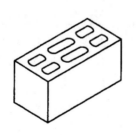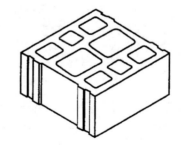

图 2-4 混凝土多孔砖的外形

(2)砌块

砌块包括普通混凝土砌块和轻集料混凝土砌块。轻集料混凝土砌块包括煤矸石混凝土砌块和孔洞率不大于 35% 的火山渣、浮石和陶粒混凝土砌块。

砌块按尺寸大小可分为小型、中型和大型三种,我国通常把砌块高度为 180~390 mm 的称为小型砌块,高度为 400~900 mm 的称为中型砌块,高度大于 900 mm 的称为大型砌块。砌体结构中使用的砌块主要是混凝土小型空心砌块,由普通混凝土或轻集料混凝土制成,主规格尺寸为 390 mm×190 mm×190 mm,空心率为 25%~50%,简称为混凝土砌块或砌块,如图 2-5 所示。

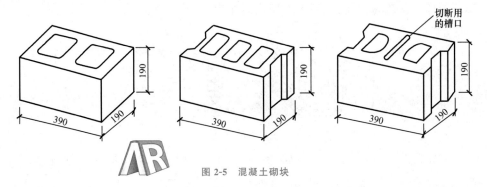

图 2-5 混凝土砌块

（3）石材

在承重结构中,常用的天然石材有花岗岩、石灰岩和凝灰岩等经过加工制成的块体。石材具有强度高、耐磨性好、抗冻及耐久性能好等优点,可在各种工程中用于承重和装饰。且其资源分布较广,蕴藏量丰富,是所有块体材料中应用历史最悠久、最广泛的土木工程材料之一。但石材传热性较高,所以用于砌筑炎热及寒冷地区的房屋墙体时,需要很大的厚度。

按照孔洞形式的不同,混凝土小型空心砌块可分为单排孔小砌块（沿厚度方向只有一排孔洞的小砌块）和双排孔或多排孔小砌块（沿厚度方向有双排条形孔洞或多排条形孔洞的小砌块）。

石材按其加工后的外形规则程度,可分为料石和毛石两类。料石是由人工或机械开采出的较规则的六面体石块,再略经凿琢而成;按加工平整程度不同分为细料石、粗料石和毛料石 3 种。毛石是石场由爆破直接获得的形状不规则的石块。粗料石、毛料石和毛石一般用于承重结构,细料石价格较高,一般用于镶面材料。石材规格尺寸见表 2-1。

表 2-1   石材规格尺寸

石材类型		规格尺寸
料石	细料石	通过细加工,外观规则,叠砌面凹入深度不应大于 10 mm,截面的宽度、高度不宜小于 200 mm,且不宜小于长度的 1/4
	粗料石	规格尺寸同上,但叠砌面凹入深度不应大于 20 mm
	毛料石	外形大致方正,一般不加工或仅稍微修整,高度不应小于 200 mm,叠砌面凹入深度不应大于 25 mm
毛石		形状不规则,中部厚度不应小于 200 mm

2. 块体的强度等级

块体的强度等级是根据标准试验方法所得到的极限抗压强度（蒸压硅酸盐砖和多孔砖还有抗折强度的要求）标准值的大小而划分的,是确定砌体在各种受力情况下强度的基础。

烧结普通砖的抗压强度试件为两个半砖（半截砖边长应≥100 mm）,断口反向叠置,中间用强度等级为 32.5 MPa 或 42.5 MPa 的水泥调制成稠度适宜的水泥净浆黏结,厚度≤5 mm;上、下表面用同样的水泥浆抹平,厚度≤3 mm;上、下表面应平行,并垂直于侧面;砌块试件采用单块砌块;石材通常采用边长为 70 mm 的立方体试块。

块体的强度等级用符号"MU"加相应数字表示,其数字表示块体的强度大小,单位为MPa(N/mm^2)。

(1)承重结构的块体的强度等级,应按下列规定采用:

①烧结普通砖、烧结多孔砖的强度等级:共分为 5 级,依次为 MU30、MU25、MU20、MU15 和 MU10。

②蒸压灰砂普通砖、蒸压粉煤灰普通砖的强度等级:共分为 3 级,依次为 MU25、MU20和 MU15。

③混凝土普通砖、混凝土多孔砖的强度等级:共分为 4 级,依次为 MU30、MU25、MU20和 MU15。

④混凝土砌块、轻集料混凝土砌块的强度等级:共分为 5 级,依次为 MU20、MU15、MU10、MU7.5 和 MU5。

⑤石材的强度等级:共分为 7 级,依次为 MU100、MU80、MU60、MU50、MU40、MU30和 MU20。

用于承重的双排孔或多排孔轻集料混凝土砌块砌体的孔洞率不应大于 35%;对用于承重的多孔砖及蒸压硅酸盐砖的折压比限值和用于承重的非烧结材料多孔砖的孔洞率、壁及肋尺寸限值及碳化、软化性能要求应符合现行国家标准《墙体材料应用统一技术规范》(GB 50574—2010)的有关规定。

当石材试件采用表 2-2 所列边长尺寸的立方体时,应对其试验结果乘以相应的换算系数后方可作为石材的强度等级。

表 2-2 石材强度等级的换算系数

立方体边长/mm	200	150	100	70	50
换算系数	1.43	1.28	1.14	1.0	0.86

(2)自承重墙的空心砖、轻集料混凝土砌块的强度等级,应按下列规定采用:

①空心砖的强度等级:共分为 4 级,依次为 MU10、MU7.5、MU5 和 MU3.5。

②轻集料混凝土砌块的强度等级:共分为 4 级,依次为 MU10、MU7.5、MU5 和MU3.5。

2.1.2 砂浆的种类和强度等级

砂浆是由胶凝材料(如水泥、石灰等)及细集料(如粗砂、中砂、细砂)按一定比例加水搅拌而成的黏结块体的材料。砂浆的作用是将块体黏结成受力整体,抹平块体间的接触面,使应力均匀传递。同时,砂浆填满块体间的缝隙,减少了砌体的透气性,提高了砌体的隔热、防水和抗冻性能。

1.砂浆的种类

砂浆按组成可分为以下几种:

（1）水泥砂浆

由水泥与砂加水拌和而成的砂浆称为水泥砂浆，由于水泥砂浆无塑性掺和料（石灰浆或黏土浆），其强度高、耐久性好，但可塑性和保水性较差，适用于砂浆强度要求较高的砌体和潮湿环境中的砌体。

（2）混合砂浆

在水泥砂浆中掺入一定塑性掺和料（石灰浆或黏土浆）所形成的砂浆称为混合砂浆。这种砂浆具有一定的强度和耐久性，而且可塑性和保水性较好，适用于砌筑一般墙、柱砌体。

（3）非水泥砂浆

非水泥砂浆指不含水泥的石灰砂浆、石膏砂浆、黏土砂浆等。这类砂浆强度低、耐久性较差，只适用于砌筑受力不大的砌体或临时性简易建筑的砌体。

（4）混凝土砌块（砖）专用砌筑砂浆

由水泥、砂、水以及根据需要掺入的掺和料和外加剂等组分，按一定比例，采用机械拌和制成，专门用于砌筑混凝土砌块的砌筑砂浆。简称砌块专用砂浆。

（5）蒸压灰砂普通砖、蒸压粉煤灰普通砖专用砌筑砂浆

由水泥、砂、水以及根据需要掺入的掺和料和外加剂等组分，按一定比例，采用机械拌和制成，专门用于砌筑蒸压灰砂砖或蒸压粉煤灰砖砌体，且砌体抗剪强度应不低于烧结普通砖砌体的取值的砂浆。

2. 砂浆的强度等级

砂浆的强度等级是按标准方法制作的 70.7 mm 的立方体试块，在温度为 15～25 ℃ 环境下养护 28 d（石膏砂浆为 7 d），经抗压试验所测的抗压强度的平均值来划分的。强度等级用符号"M""Ms""Mb"加相应数字表示，其数字表示砂浆的强度大小，单位为 MPa（N/mm^2）。确定砂浆强度等级时应采用同类块体为砂浆强度试块的底模。

砂浆的强度等级应按下列规定采用：

（1）烧结普通砖、烧结多孔砖、蒸压灰砂普通砖和蒸压粉煤灰普通砖砌体采用的普通砂浆强度等级

共分为 5 级，依次为 M15、M10、M7.5、M5 和 M2.5。

（2）蒸压灰砂普通砖和蒸压粉煤灰普通砖砌体采用的专用砌筑砂浆强度等级

共分为 4 级，依次为 Ms15、Ms10、Ms7.5、Ms5。

（3）混凝土普通砖、混凝土多孔砖、单排孔混凝土砌块和煤矸石混凝土砌块砌体采用的砂浆强度等级

共分为 5 级，依次为 Mb20、Mb15、Mb10、Mb7.5 和 Mb5。

（4）双排孔或多排孔轻集料混凝土砌块砌体采用的砂浆强度等级

共分为 3 级，依次为 Mb10、Mb7.5 和 Mb5。

（5）毛料石、毛石砌体采用的砂浆强度等级

共分为 3 级，依次为 M7.5、M5 和 M2.5。

当验算施工阶段砂浆尚未硬化的新砌砌体的强度和稳定性时，可按砂浆强度为零确定

其砌体强度。

3.对砂浆质量的要求

为了满足工程设计需要和施工质量,砂浆应满足以下要求:

(1)砂浆应有足够的强度,以满足砌体强度及建筑物耐久性要求。

(2)砂浆应具有较好的流动性,以便于砂浆在砌筑时能很容易且较均匀地铺开,保证砌筑质量和提高工效。

(3)砂浆应具有适当的保水性,使其在存放、运输和砌筑过程中不出现明显的泌水、流浆、分层、离析现象,以保证砌筑质量、砂浆强度和砂浆与块体之间的黏结力。

2.1.3 砌块灌孔混凝土

在混凝土砌块建筑中,为了提高房屋的整体性、承载力和抗震性能,常在砌块竖向孔洞中设置钢筋并浇筑灌孔混凝土,使其形成钢筋混凝土芯柱。在有些混凝土砌块砌体中,虽然孔内并没有配钢筋,但为了增大砌体横截面面积,或为了满足其他功能要求,也需要灌孔。混凝土砌块灌孔混凝土是由水泥、集料、水以及根据需要掺入的掺和料和外加剂等组分,按一定比例,采用机械搅拌后,用于浇注混凝土砌块砌体芯柱或其他需要填实部位孔洞的混凝土,简称砌块灌孔混凝土。砌块灌孔混凝土应具有较大的流动性,其坍落度应控制在200~250 mm,强度等级用"Cb"表示。

2.2 砌体的种类

砌体可按照所用材料、砌法以及在结构中所起作用等方面的不同进行分类。按照所用材料不同可分为砖砌体、砌块砌体及石砌体;按砌体中有无配筋可分为无筋砌体和配筋砌体;按在结构中所起的作用不同可分为承重砌体和非承重砌体等。

2.2.1 无筋砌体

根据块体的种类不同,无筋砌体可分为以下几种:

1.砖砌体

由砖和砂浆砌筑而成的砌体称为砖砌体。在房屋建筑中广泛用于内外墙、柱、基础等承重结构以及围护墙与隔墙等非承重结构等。承重结构一般为实心砖砌体墙,常用的砌筑方式有一顺一丁(砖长面与墙长度方向平行的则为顺砖,砖短面与墙长度方向平行的则为丁砖)、三顺一丁或梅花丁,为了保证墙体的承载力,竖向灰缝必须错缝砌筑,如图 2-6 所示。

试验表明,采用同强度等级的材料,按照上述几种方法砌筑的砌体,其抗压强度相差不大。但应注意,上、下两皮顶砖间的顺砖数量越多,则意味着宽为 240 mm 的两片半砖墙之间的联系越弱,很容易产生通缝形成"两片皮"的效果,如图 2-7 所示,从而使砌体的承载能力急剧降低。

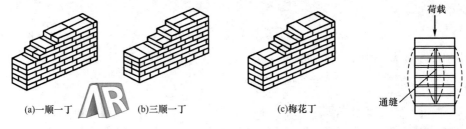

(a)一顺一丁 　　(b)三顺一丁 　　(c)梅花丁

图 2-6　实心砖墙的砌筑方式　　　　　图 2-7　通缝示意图

砖砌体墙厚根据强度和稳定性的要求确定。标准砌筑的实心墙体厚度为 240 mm(一砖)、370 mm(一砖半)、490 mm(二砖)、620 mm(二砖半)、740 mm(三砖)等。有时为节约材料,墙厚可不按半砖长而按 1/4 砖长的倍数进位,即有些砖需侧砌而构成 180 mm、300 mm、420 mm 等厚度的墙体。

烧结多孔砖在砌筑时,其孔是沿竖向放置的,如图 2-8 所示。标准砌筑的墙体厚度为190 mm、240 mm、370 mm。

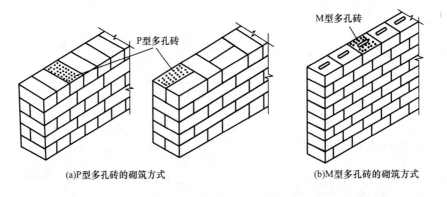

(a)P型多孔砖的砌筑方式　　　　　(b)M型多孔砖的砌筑方式

图 2-8　多孔砖墙的砌筑方式

砖砌体使用面广,故确保砌体的质量尤为重要。例如,在砌筑承重结构的墙体或砖柱时,应严格遵守施工规程,防止强度等级不同的砖混用,特别是防止大量混入低于设计要求强度等级的砖,并应使配制的砂浆强度符合设计强度等级的要求。此外,应严禁用包心砌法砌筑砖柱,如图 2-9 所示,这种柱仅四边搭接,整体性极差,承受荷载后柱的变形大,强度不足,极易引起严重的工程事故。

2. 砌块砌体

由砌块和砂浆砌筑而成的砌体称为砌块砌体。目前国内外常用的砌块砌体以混凝土空心砌块砌体为主,其中包括普通混凝土空心砌块砌体和轻骨料混凝土空心砌块砌体,如

图 2-10 所示。

　　采用砌块砌体可减轻劳动强度,减少高空作业,有利于提高劳动生产率,并具有较好的经济技术效果。另外,砌块表观密度较小,可减轻结构的自重,保温隔热性能好,能充分利用工业废料、价格便宜。目前已广泛用于房屋的墙体,在有些地区,小型砌块已成功用于高层建筑的承重墙体。

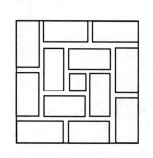

图 2-9　用包心砌法砌筑的砖柱

图 2-10　混凝土砌块砌体

　　砌块大小的选用主要取决于房屋墙体的分块情况和吊装能力,但排列砌块是设计工作中的一个重要环节,砌块排列要求有规律性,并使砌块类型和规格最少,同时排列应整齐,尽量减少通缝,使砌筑牢固。图 2-11 所示为符合模数尺寸、层高为 3 700 mm 的墙体立面中砌块的排列方法。

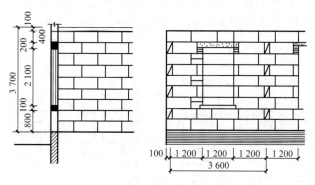

图 2-11　砌块的排列方法

3. 石砌体

　　由天然石材和砂浆(或混凝土)砌筑而成的砌体称为石砌体。石砌体一般分为料石砌体、毛石砌体、毛石混凝土砌体,如图 2-12 所示。料石砌体和毛石砌体采用砂浆砌筑;毛石混凝土砌体则在模板内交替铺置混凝土层及形状不规则的毛石构成。

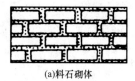

(a)料石砌体

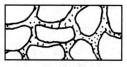

(b)毛石砌体

(c)毛石混凝土砌体

图 2-12　石砌体

石材是最古老的土木工程材料之一,用石材建造的砌体结构物具有很高的抗压强度、良好的耐磨性和耐久性,且石砌体表面经加工后美观并富于装饰性。因为石砌体具有永久保存的可能性,人们用它来建造重要的建筑物和纪念性的结构物。此外,石砌体中的石材资源分布广,蕴藏量丰富,便于就地取材,生产成本低,故古今中外在修建城垣、桥梁、房屋、道路和水利等工程中多有应用。如用料石砌体砌筑房屋上部结构、石拱桥、渡槽和储液池等建(构)筑物,用毛石砌体砌筑基础、堤坝、城墙、挡土墙等。

2.2.2 配筋砌体

为了提高砌体强度、减小其截面尺寸、增加砌体结构(或构件)的整体性,可采用配筋砌体。配筋砌体是指在砌体内配置适量钢筋形成的砌体,配筋砌体可分为配筋砖砌体和配筋砌块砌体,其中配筋砖砌体又可分为网状配筋砖砌体、组合砖砌体、砖砌体和钢筋混凝土构造柱组合墙;配筋砌块砌体又可分为约束配筋砌块砌体和均匀配筋砌块砌体。

1. 网状配筋砖砌体

网状配筋砖砌体又称横向配筋砖砌体,是砖柱或砖墙中每隔几皮砖在其水平灰缝中设置直径为 3～4 mm 的方格网式钢筋网片砌筑而成的砌体结构,如图 2-13 所示。在砌体受压时,网状配筋可约束和限制砌体的横向变形以及竖向裂缝的开展和延伸,从而提高砌体的抗压强度。网状配筋砖砌体可用作承受较大轴心压力或偏心距较小的较大偏心压力的墙、柱。

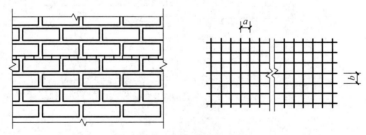

图 2-13 网状配筋砖砌体

2. 组合砖砌体

组合砖砌体是由砖砌体和钢筋混凝土面层或钢筋砂浆面层组成的构件,可以承受较大的偏心轴压力,如图 2-14 所示。

3. 砖砌体和钢筋混凝土构造柱组合墙

砖砌体和钢筋混凝土构造柱组合墙是在砖砌体的转角、纵横墙交接处以及每隔一定距离设置钢筋混凝土构造柱,如图 2-15 所示,并在各层楼盖处设置钢筋混凝土圈梁,使砖砌体墙与钢筋混凝土构造柱和圈梁组成一个整体结构,共同受力。

图 2-14 组合砖砌体

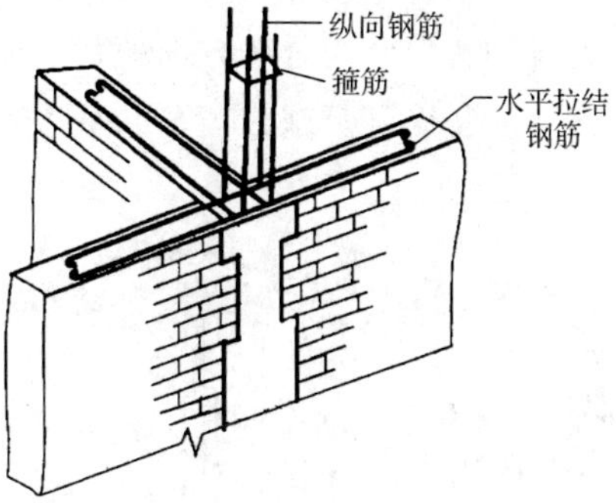

图 2-15 砖砌体和钢筋混凝土构造柱组合墙

4. 配筋砌块砌体

配筋砌块砌体是在混凝土空心砌块砌体的水平灰缝中配置水平钢筋,在孔洞中配置竖向钢筋并用混凝土灌实的一种配筋砌体。约束配筋砌块砌体是仅在砌块墙体的转角、接头部位及较大洞口的边缘砌块孔洞中设置竖向钢筋,并在这些部位砌体的水平灰缝中设置一定数量的钢筋网片,主要用于中、低层建筑;均匀配筋砌块砌体是在砌块墙体上下贯通的竖向孔洞中插入竖向钢筋,并用灌孔混凝土灌实,使竖向和水平钢筋与砌体形成一个共同工作的整体,故又称配筋砌块剪力墙,可用于大开间建筑和中、高层建筑,如图 2-16 所示。

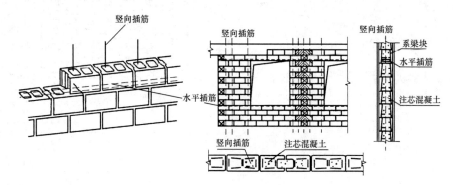

图 2-16 配筋砌块砌体

配筋砌体不仅加强了砌体的各种强度和抗震性能,还扩大了砌体结构的使用范围,比如高强混凝土砌块通过配筋与浇筑灌孔混凝土,作为承重墙体可砌筑 10～20 层的建筑物,而且相对于钢筋混凝土结构具有不需要支模、不需要再进行贴面处理及耐火性能更好等优点。

2.2.3 墙 板

目前我国的预制大型墙板有矿渣混凝土墙板、空心混凝土墙板(图 2-17)、振动砖墙板(图 2-18)及采用滑模工艺生产的整体混凝土墙板等。墙板的高度一般相当于房间的高度,宽度可相当于房屋的一个或半个开间(或进深)。大型墙板可进行工厂化定型生产,整体快速安装,大大减轻砌筑墙体繁重的体力劳动,加快施工进度,促进建筑工业化、施工机械化,还可在其墙板材料的内部或表面加入其他材料做成具有保温、隔热、吸声或其他特殊功能的墙板,满足建筑物对墙体在这些方面的功能要求,是一种有发展前途的墙体体系。但墙板在安装时,对施工吊装设备及施工工艺水平方面的要求亦有所提高。

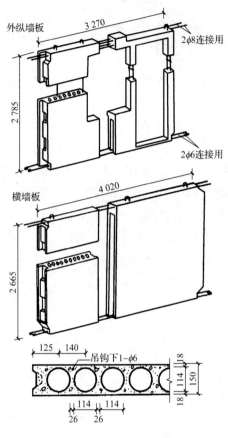

图 2-17　空心混凝土墙板

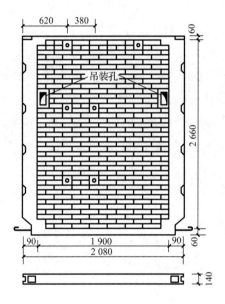

图 2-18　振动砖墙板

砌体的受压性能

2.3　砌体的受压性能及抗压强度

2.3.1　砌体的受压破坏特征

试验研究表明,砌体轴心受压从开始受力到破坏,按照裂缝的出现、发展和最终破坏,大致经历三个阶段,如图 2-19 所示。

第一阶段:从砌体受压开始,普通砖砌体当压力增大至 50%～70% 的破坏荷载时,多孔砖砌体当压力增大至70%~80%的破坏荷载时,砌体内某些单块砖在拉、弯、剪复合作用下出现第一条(批)裂缝。在此阶段砖内裂缝细小,未能穿过砂浆层,如果不再增大压力,单块砖内的裂缝也不继续发展。如图2-19(a)所示。

第二阶段:随着荷载的增大,当压力增大至80%~90%的破坏荷载时,单块砖内的裂缝将不断发展,并沿着竖向灰缝通过若干皮砖,并逐渐在砌体内连接成一段段较连续的裂缝。此时荷载即使不再增大,裂缝仍会继续发展,砌体已临近破坏,在工程实践中可视为构件处于十分危险状态。如图2-19(b)所示。

第三阶段:随着荷载的继续增大,砌体中的裂缝迅速延伸、宽度扩展,并连成通缝,连续的竖向贯通裂缝把砌体分割成半砖左右的小柱体(个别砖可能被压碎)失稳,从而导致整个砌体破坏,如图2-19(c)所示。以砌体破坏时的压力除以砌体截面面积所得的应力值称为该砌体的极限抗压强度。

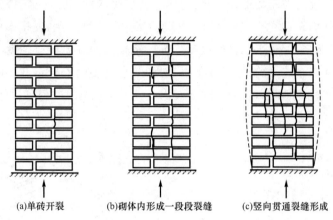

(a)单砖开裂　　　(b)砌体内形成一段段裂缝　　　(c)竖向贯通裂缝形成

图2-19　轴心受压砌体的破坏形态

2.3.2　砌体的受压应力状态

试验结果表明,砖柱的抗压强度明显低于它所用砖的抗压强度,这一现象主要是由单块砖在砌体中的受力状态决定的。在压力作用下,砌体内单块砖应力状态有以下特点:

1. 单块砖在砌体内并非均匀受压

由于砖块受压面并不完全规则平整,再加之所铺砂浆厚度和密实性不均匀,因此单块砖在砌体内并不是均匀受压,而是处于受弯、受剪和局部受压的复杂应力状态,如图2-20所示。由于砖的抗拉强度较低,当弯、剪应力引起的主拉应力超过砖的抗拉强度时,砖就会因受拉而开裂,所以砌体内第一批裂缝的出现是由单块砖的受弯受剪引起的。

砖砌体内的砖所受弯曲应力和剪应力的大小不仅与灰缝厚度和密实性有关,还与砂浆的弹性性质有关。每块砖可视为作用在弹性地基上的"梁",其下面的砂浆即可视为"弹性地基"。"弹性地基"的弹性模量越小,砖的弯曲变形就越大,砖内产生的弯、剪应力就越高。

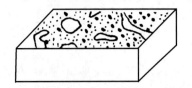
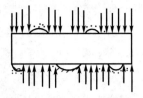

图 2-20　砌体内单块砖的受力状态示意图

2. 砌体横向变形时砖和砂浆存在交互作用

砌体中的砖和砂浆属于两种不同的材料,砖的弹性模量大、横向变形系数小,而砂浆(中等强度等级及以下)的弹性模量小、横向变形系数大,如图 2-21 所示。因此在砌体受压时,由于二者的交互作用,砌体的横向变形将介于两种材料之间,即砖的横向变形因砂浆的横向变形较大而增大,并由此在砖内产生了横向拉应力,所以单块砖在砌体中处于压、弯、剪及拉的复合应力状态,其抗压强度降低;而砂浆的横向变形受砖的约束而减少,砂浆处于三向受压状态,其抗压强度提高,如图 2-22 所示。砖和砂浆这种交互作用,使得砌体的抗压强度比相应砖的强度要低得多,而对于用较低强度等级砂浆砌筑的砌体抗压强度有时较砂浆本身的强度高得多,甚至刚砌筑好的砌体(砂浆强度为零)也能承受一定荷载。砖和砂浆的交互作用在砖内产生了附加拉应力,从而加快了砖内裂缝的出现,因此在用较低强度等级砂浆砌筑的砌体内,砖内裂缝出现较早。

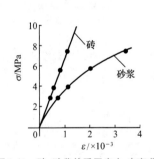
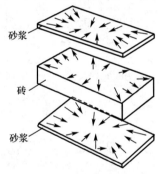

图 2-21　砖、砂浆的受压应力-应变曲线　　　图 2-22　砂浆对砖的作用力

3. 竖向灰缝的应力集中

砌体的竖向灰缝不饱满、不密实,易在竖向灰缝上产生应力集中,同时竖向灰缝内的砂浆和砖的黏结力也不能保证砌体的稳定性。因此,在竖向灰缝上的砖内将产生拉应力和剪应力的集中,从而加快砖的开裂,引起砌体强度的降低。

2.3.3　影响砌体抗压强度的因素

从砌体轴心受压时的受力分析及试验结果可以看出,影响砌体抗压强度的主要因素有:

1. 块体与砂浆的强度等级

块体与砂浆的强度等级是确定砌体强度的最主要因素。单个块体的抗弯、抗拉强度在某种程度上决定了砌体的抗压强度。一般来说,块体和砂浆的强度越高,砌体的强度也越高,但并不与块体和砂浆强度等级的提高成正比。试验表明,对于一般砖砌体,当砖的强度等级提高一倍时,砌体的抗压强度可提高50%左右;当砂浆的强度等级提高一倍时,砌体的抗压强度可提高20%左右。可见提高砖的强度等级比提高砂浆强度等级的效果好。在可能的条件下,应尽量采用强度等级高的砖。

2. 块体的尺寸与形状

块体的尺寸、几何形状及表面的平整程度对砌体的抗压强度有较大影响。砌体中块体的截面高度越大,其截面的抗弯、抗剪及抗拉的能力越强,砌体的抗压强度越大;块体的长度越大,其截面的弯剪应力越大,砌体的抗压强度越低;块体的形状越规则,表面越平整,块体的受弯、受剪作用越小,砌体的抗压强度越高。

3. 砂浆的流动性、保水性及弹性模量的影响

砂浆的流动性、保水性和变形能力均对砌体的抗压强度有影响。砂浆的流动性大和保水性好时,容易铺成厚度均匀和密实性良好的灰缝,可减小单块砖内的弯剪应力,从而提高砌体强度。纯水泥砂浆的流动性较差,不易铺成均匀的灰缝层,影响砌体的强度,所以同一强度等级的混合砂浆砌筑的砌体强度要比相应纯水泥砂浆砌体高。砂浆弹性模量的大小对砌体强度亦具有较大的影响,当砖强度不变时,砂浆的弹性模量决定其变形率,砂浆的强度等级越低,变形越大,块体受到的拉剪应力就越大,砌体强度也就越低;而砂浆的弹性模量越大,其变形率越小,相应砌体的抗压强度也越高。

4. 砌筑质量与灰缝的厚度

砂浆铺砌饱满、均匀,可改善块体在砌体中的受力性能,使之较均匀地受压而提高砌体抗压强度;反之,则降低砌体强度。因此,《砌体结构工程施工质量验收规范》(GB 50203—2011)规定,砖墙水平灰缝的砂浆饱满度不得低于80%,砖柱水平灰缝和竖向灰缝饱满度不得低于90%;竖向灰缝不应出现瞎缝、透明缝和假缝。混凝土砌块砌体水平灰缝和竖向灰缝的砂浆饱满度,应按净面积计算不得低于90%。

在保证质量的前提下,快速砌筑能使砌体在砂浆硬化前即受压,可增加水平灰缝的密实性而提高砌体的抗压强度。此外,块体的搭缝方式、砖和砂浆的黏结性等对砌体的抗压强度也有一定影响。砂浆厚度对砌体抗压强度也有影响。灰缝厚,容易铺砌均匀,对改善单块砖的受力性能有利,但砂浆横向变形的不利影响也相应增大。砖砌体的灰缝应横平竖直,厚薄均匀,水平灰缝厚度及竖向灰缝宽度宜为10 mm,但不应小于8 mm,也不应大于12 mm。混凝土砌块砌体的水平灰缝厚度和竖向灰缝宽度宜为10 mm,但不应小于8 mm,也不应大于12 mm。为增加砖和砂浆的黏结性能,砖在砌筑前要提前浇水湿润,避免砂浆"脱水",影响砌筑质量。

2.3.4 砌体轴心抗压强度的计算

根据各类砌体轴心抗压强度的试验结果,《砌体结构设计规范》(GB 50003—2011)(以

下简称《规范》）给出了适合于各类砌体的轴心抗压强度平均值的计算公式为

$$f_\mathrm{m}=k_1 f_1^\alpha(1+0.07f_2)k_2 \tag{2-1}$$

式中　f_m——砌体轴心抗压强度平均值，MPa；

　　　f_1——块体抗压强度平均值，MPa；

　　　f_2——砂浆抗压强度平均值，MPa；

　　　k_1、α——与块体类别及砌体类别有关的系数，其取值见表 2-3；

　　　k_2——砂浆强度影响的修正系数，其取值见表 2-3。

表 2-3　　　　　　　　　　　　　　　　轴心抗压强度平均值 f_m　　　　　　　　　　　　　　MPa

砌体种类	$f_\mathrm{m}=k_1 f_1^\alpha(1+0.07f_2)k_2$		
	k_1	α	k_2
烧结普通砖、烧结多孔砖、蒸压灰砂普通砖、蒸压粉煤灰普通砖、混凝土普通砖、混凝土多孔砖	0.78	0.5	当 $f_2<1$ 时，$k_2=0.6+0.4f_2$
混凝土砌块、轻集料混凝土砌块	0.46	0.9	当 $f_2=0$ 时，$k_2=0.8$
毛料石	0.79	0.5	当 $f_2<1$ 时，$k_2=0.6+0.4f_2$
毛石	0.22	0.5	当 $f_2<2.5$ 时，$k_2=0.4+0.24f_2$

注：1. k_2 在表列条件以外时均等于 1。

　　2. 式中 f_1 为块体（砖、石、砌块）的强度等级值；f_2 为砂浆抗压强度平均值。单位均以 MPa 计。

　　3. 混凝土砌块砌体的轴心抗压强度平均值，当 $f_2>10$ MPa 时，应乘系数 $1.1-0.01f_2$，MU20 的砌体应乘系数 0.95，且满足 $f_1\geqslant f_2$，$f_1\leqslant 20$ MPa。

　　式(2-1)是对各类砌体抗压强度的统一表达式，其计算值与试验值吻合较好，且与国际标准比较接近。式(2-1)表明，块体的抗压强度 f_1 是影响砌体轴心抗压强度的重要因素，其次是砂浆强度的影响。采用系数 α 来表示块体在砌体中的利用程度，即 α 值越大，块体在砌体中强度的利用程度越大，而当 α 相同时，也可反映出砖石在砌体中的利用程度，其顺序为毛料石、砖、毛石；引入系数 k_2 来考虑低强度砂浆对砌体抗压强度的降低影响，因为砂浆强度等级较低时，其变形率较大使砌块内产生横向拉应力从而导致抗压强度降低。

2.4　砌体的轴心抗拉强度、弯曲抗拉强度和抗剪强度

　　在实际工程中，砌体大多数用来承受压力，以充分利用其抗压性能；但也有用于受拉、受弯、受剪的情况，比如在静水压力作用下圆形水池的池壁承受环向轴心拉力，挡土墙受到土侧压力形成的弯矩作用，砌体过梁在自重和楼面荷载作用下受到的弯、剪作用，拱支座处的剪力作用等。与砌体的抗压强度相比，砌体的轴心抗拉、弯曲抗拉及抗剪强度很低。

砌体的轴心抗拉强度、
弯曲抗拉强度和抗剪强度

2.4.1 砌体的轴心抗拉强度

1.砌体的轴心受拉破坏特征

砌体在轴心拉力作用下,可能出现两种不同的破坏形态:沿齿缝截面Ⅰ－Ⅰ破坏和沿竖缝与块体截面Ⅱ－Ⅱ破坏,如图2-23所示。一般情况下,构件一般沿齿缝截面破坏,此时砌体的抗拉强度主要取决于块体与砂浆连接面的黏结强度,并与齿缝破坏面水平灰缝的总面积有关。由于块体与砂浆间的黏结强度取决于砂浆强度等级,故此时砌

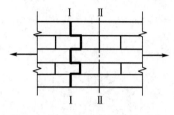

图 2-23 砌体轴心受拉的破坏形态

体的轴心抗拉强度可由砂浆的强度等级来确定。当块体的强度等级较低,而砂浆的强度等级较高时,砌体则可能沿块体与竖向灰缝截面破坏,此时,砌体的轴心抗拉强度取决于块体的强度等级。为了防止沿块体与竖向灰缝的受拉破坏,应提高块体的最低强度等级。

2.砌体轴心抗拉强度的计算

《规范》规定,砌体沿齿缝截面破坏的轴心抗拉强度平均值计算公式为

$$f_{t,m} = k_3 \sqrt{f_2} \qquad (2-2)$$

式中 $f_{t,m}$——砌体轴心抗拉强度平均值,MPa;

f_2——砂浆的抗压强度平均值,MPa;

k_3——与块体类别有关的系数,其取值见表2-4。

表 2-4 砌体的轴心抗拉强度平均值 $f_{t,m}$、弯曲抗拉强度平均值 $f_{tm,m}$ 和抗剪强度平均值 $f_{v,m}$ MPa

砌体种类	$f_{t,m} = k_3 \sqrt{f_2}$	$f_{tm,m} = k_4 \sqrt{f_2}$		$f_{v,m} = k_5 \sqrt{f_2}$
	k_3	k_4		k_5
		沿齿缝	沿通缝	
烧结普通砖、烧结多孔砖、混凝土普通砖、混凝土多孔砖	0.141	0.250	0.125	0.125
蒸压灰砂普通砖、蒸压粉煤灰普通砖	0.09	0.18	0.09	0.09
混凝土砌块	0.069	0.081	0.056	0.069
毛石	0.075	0.113	—	0.188

2.4.2 砌体的弯曲抗拉强度

1.砌体弯曲受拉破坏特征

在砌体结构中常遇到受弯及大偏心受压构件,如带壁柱的挡土墙、地下室墙体等。按其受力特征可分为沿齿缝截面受弯破坏、沿通缝截面受弯破坏及沿块体与竖向灰缝截面受弯

破坏三种,如图 2-24 所示。

与轴心受拉时相同,沿齿缝截面受弯破坏发生于灰缝黏结强度低于块体本身的抗拉强度情况,故与砂浆的强度等级有关;沿水平通缝截面受弯破坏主要取决于砂浆与块体之间的法向黏结强度,故也与砂浆的强度等级有关;沿块体与竖向灰缝截面受弯破坏发生于灰缝黏结强度高于块体本身抗拉强度的情况,故主要取决于块体强度等级。由于《规范》提高了块体的最低强度等级,防止了沿块体与竖向灰缝截面的受弯破坏。

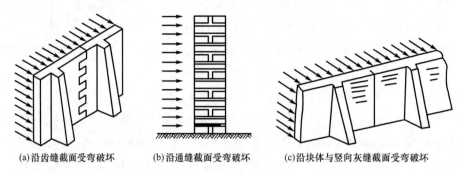

(a)沿齿缝截面受弯破坏   (b)沿通缝截面受弯破坏   (c)沿块体与竖向灰缝截面受弯破坏

图 2-24 砌体的受弯破坏

2. 砌体弯曲抗拉强度的计算

《规范》规定,砌体沿齿缝与沿通缝截面受弯破坏时的弯曲抗拉强度平均值计算公式为

$$f_{tm,m} = k_4 \sqrt{f_2} \tag{2-3}$$

式中 $f_{tm,m}$ ——砌体弯曲抗拉强度平均值,MPa;

   f_2 ——砂浆的抗压强度平均值,MPa;

   k_4 ——与块体类别有关的系数,其取值见表 2-4。

2.4.3 砌体的抗剪强度

1. 砌体受剪破坏特征

在砌体结构中常遇到的受剪构件有门窗过梁、拱过梁、墙体的过梁等。

砌体在剪力作用下,可发生沿阶梯形截面受剪破坏、沿通缝截面受剪破坏及沿齿缝截面受剪破坏,如图 2-25 所示。在梁支座附近截面因抗剪承载力不足,沿灰缝发生阶梯形截面受剪破坏,如图 2-25(a)所示;在没有拉杆的拱砌体支座处,由于支座端部墙体长度不够,引起水平灰缝的抗剪承载力不足而发生沿通缝截面受剪破坏,如图 2-25(b)所示;如图 2-25(c)所示沿齿缝截面的受剪破坏,一般只发生在块体搭接质量差的砖砌体或毛砌体中,可通过采取措施予以避免。历次震害表明,沿阶梯形缝的破坏是地震中墙体最常见的破坏形态,此外,当房屋发生不均匀沉降或房屋顶层屋盖与墙体伸缩不一致时也常发生沿阶梯形灰缝裂缝。

在实际工程中砌体竖向灰缝内的砂浆往往不饱满,其抗剪作用较低,一般情况下可以忽略不计,则相同尺寸下沿阶梯形缝与沿通缝的受剪面积相同,因而可以统一采用沿通缝的抗剪强度。

2. 砌体抗剪强度的计算

单纯受剪时砌体的抗剪强度主要取决于水平灰缝中砂浆与块体的黏结强度,因此《规范》规定,砌体的抗剪强度平均值计算公式为

$$f_{v,m} = k_5 \sqrt{f_2} \tag{2-4}$$

式中　$f_{v,m}$——砌体抗剪强度平均值,MPa;

　　　f_2——砂浆的抗压强度平均值,MPa;

　　　k_5——与块体类别有关的参数,其取值见表2-4。

　　(a)沿阶梯形截面受剪破坏

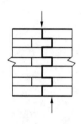
　　(b)沿通缝截面受剪破坏

(c) 沿齿缝截面受剪破坏

图 2-25　砌体的受剪破坏

2.5 砌体的变形和其他性能

2.5.1 砌体的弹性模量

砌体的弹性模量是其应力与应变的比值,主要用于计算构件在荷载作用下的变形,是衡量砌体抵抗变形能力的一个物理量,其大小主要通过实测砌体的应力—应变曲线求得。

砌体受压时的应力—应变曲线描述了砌体结构的一个基本性能,由于砌体为弹塑性材料,其应力—应变关系呈曲线,但各类砌体的应力—应变曲线不尽相同。根据砖砌体的试验结果,砖砌体应力—应变曲线如图 2-26(a)所示,计算表达式为

$$\varepsilon = -\frac{1}{\xi} \ln(1 - \frac{\sigma}{f_m}) \tag{2-5}$$

式中　f_m——砌体轴心抗压强度平均值,MPa;

　　　ξ——砌体变形的弹性特征系数,主要与砂浆的强度等级有关。

由图 2-26 可知,当砌体应力较小时,其应力—应变近似呈线性关系,说明砌体基本上处于弹性阶段;当砌体应力较大时,其应变增长速率逐渐大于应力的增长速率,砌体已逐渐进入弹塑性阶段,呈现出明显的非线性关系。因此,砌体的弹性模量将随着应力的增大而降低。

由式(2-5)求得砌体的切线模量[图 2-26(b)中的 B 点]为

$$E' = \frac{\mathrm{d}\sigma}{\mathrm{d}\varepsilon} = \xi f_{\mathrm{m}}(1 - \frac{\sigma}{f_{\mathrm{m}}}) \tag{2-6}$$

当 $\frac{\sigma}{f_{\mathrm{m}}} = 0$ 时,由式(2-6)可得砌体的初始弹性模量

$$E_0 = \xi f_{\mathrm{m}} \tag{2-7}$$

工程应用时一般取 $\sigma = 0.43 f_{\mathrm{m}}$ 时的割线模量作为砌体的弹性模量

$$E = \frac{\sigma_{0.43}}{\varepsilon_{0.43}} = \frac{0.43 f_{\mathrm{m}}}{-\frac{1}{\xi}\ln 0.57} \approx 0.8 \xi f_{\mathrm{m}} \tag{2-8}$$

比较式(2-7)和式(2-8),则可得

$$E = 0.8 E_0 \tag{2-9}$$

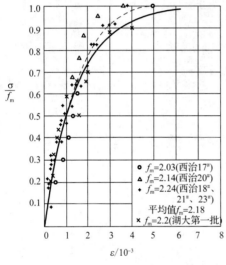

(a) 砖砌体抗压应力–应变曲线

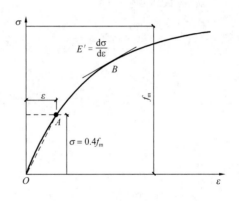

(b) 弹性模量

图 2-26　砖砌体的变形性能

为便于应用,现行《规范》对砌体受压弹性模量采用了更为简化的结果,按砂浆的不同强度等级,取弹性模量与砌体的抗压强度设计值成正比关系。而对于石材抗压强度和弹性模量均远高于砂浆相应值的石砌体,砌体的受压变形主要集中在灰缝砂浆中,故石砌体弹性模量可仅按砂浆的强度等级来确定。各类砌体的弹性模量见表 2-5。

表 2-5　砌体的弹性模量　　　　　　　　　　　　　MPa

砌体种类	砂浆强度等级			
	≥M10	M7.5	M5	M2.5
烧结普通砖、烧结多孔砖砌体	1 600 f	1 600 f	1 600 f	1 390 f
混凝土普通砖、混凝土多孔砖砌体	1 600 f	1600 f	1 600 f	—
蒸压灰砂普通砖、蒸压粉煤灰普通砖砌体	1 060 f	1 060 f	1 060 f	—

续表

砌体种类	砂浆强度等级			
	≥M10	M7.5	M5	M2.5
非灌孔混凝土砌块砌体	$1\,700f$	$1\,600f$	$1\,500f$	—
粗料石、毛料石、毛石砌体	—	5 650	4 000	2 250
细料石砌体	—	17 000	12 000	6 750

注:1.轻骨料混凝土砌块砌体的弹性模量,可按表中混凝土砌块砌体的弹性模量采用。

2.表中砌体抗压强度设计值不按《规范》第3.2.3条进行调整。

3.表中砂浆为普通砂浆,采用专用砂浆砌筑的砌体的弹性模量也按此表取值。

4.对混凝土普通砖、混凝土多孔砖、混凝土和轻集料混凝土砌块砌体,表中的砂浆强度等级分别为:≥Mb10、Mb7.5和Mb5。

5.对蒸压灰砂普通砖和蒸压粉煤灰普通砖砌体,当采用专用砂浆砌筑时,其强度设计值按表中数值采用。

单排孔且对孔砌筑的混凝土砌块灌孔砌体的弹性模量,应按下式计算

$$E = 2\,000fg \tag{2-10}$$

式中 fg——灌孔砌体的抗压强度设计值。

2.5.2 砌体的剪变模量

设计中计算墙体在水平荷载作用下的剪切变形时,需要用到砌体的剪变模量。砌体的剪变模量与砌体的弹性模量和泊松比有关,根据材料力学公式

$$G = \frac{E}{2(1+\nu)} \tag{2-11}$$

式中 G——砌体的剪变模量;

E——砌体的弹性模量;

ν——砌体的泊松比。对于砖砌体,泊松比 $\nu = 0.1 \sim 0.2$,平均值为 0.15;砌块砌体 $\nu = 0.3$。

则砌体的剪变模量 $G = (0.38 \sim 0.43)E$,《规范》近似取 $G = 0.4E$。

2.5.3 砌体的线膨胀系数和收缩率

砌体的线膨胀系数和收缩率可按表 2-6 采用。

表 2-6   砌体的线膨胀系数和收缩率

砌体类别	线膨胀系数/(10^{-6} ℃$^{-1}$)	收缩率/(mm·m^{-1})
烧结普通砖、烧结多孔砖砌体	5	−0.1
蒸压灰砂普通砖、蒸压粉煤灰普通砖砌体	8	−0.2
混凝土普通砖、混凝土多孔砖、混凝土砌块砌体	10	−0.2
轻集料混凝土砌块砌体	10	−0.3
料石和毛石砌体	8	—

注:表中的收缩率是由达到收缩允许标准的块体砌筑 28d 的砌体收缩率,当地方有可靠的砌体收缩试验数据时,亦
    可采用当 s 地的试验数据。

砌体浸水时体积膨胀,失水时体积干缩,而且收缩变形较膨胀变形大得多,因此工程中对砌体的干缩变形予以重视。

2.5.4 砌体的摩擦系数

在砌体结构的抗滑移和抗剪承载力计算中要用到砌体的摩擦系数,其值与摩擦面的材料和干湿程度有关,可按表 2-7 采用。

表 2-7   砌体的摩擦系数

材料类别	摩擦面情况	
	干燥	潮湿
砌体沿砌体或混凝土滑动	0.70	0.60
砌体沿木材滑动	0.60	0.50
砌体沿钢滑动	0.45	0.35
砌体沿砂或卵石滑动	0.60	0.50
砌体沿粉土滑动	0.55	0.40
砌体沿黏性土滑动	0.50	0.30

2.6   砌体结构设计方法

2.6.1 承载能力极限状态设计表达式

我国《规范》采用以概率为基础的极限状态设计方法,以可靠指标度量结构构件的可靠

度,采用分项系数的设计表达式进行计算。

砌体结构应按承载能力极限状态设计,并满足正常使用极限状态的要求。由于砌体结构自重大的特点,其正常使用极限状态的要求在一般情况下可由相应的构造措施予以保证。

根据建筑结构破坏可能产生的后果(危及人的生命、造成经济损失、产生社会影响等)的严重性,建筑结构应按表2-8划分为三个安全等级,设计时应根据具体情况适当选用。

表 2-8   建筑结构的安全等级

安全等级	破坏后果	建筑物类型
一级	很严重:对人的生命、经济、社会或环境影响很大	重要的房屋
二级	严重:对人的生命、经济、社会或环境影响较大	一般的房屋
三级	不严重:对人的生命、经济、社会或环境影响较小	次要的房屋

注:1 对于特殊的建筑物,其安全等级可根据具体情况另行确定;

2. 对抗震设防区的砌体结构设计,应按现行国家标准《建筑抗震设防分类标准》根据建筑物重要性区分建筑物类别。

砌体结构按承载能力极限状态设计的表达式为:

①当可变荷载多于一个时,应按下列公式中最不利组合进行计算

$$\gamma_0(1.3S_{Gk} + 1.5\gamma_L S_{Q1k} + \gamma_L \sum_{i=2}^{n} \gamma_{Qi}\psi_{ci}S_{Qik}) \leqslant R(f, a_k, \cdots) \qquad (2\text{-}12)$$

②当仅有一个可变荷载时,应按下列公式中最不利组合进行计算

$$\gamma_0(1.3S_{Gk} + 1.5\gamma_L S_{Qk}) \leqslant R(f, a_k, \cdots) \qquad (2\text{-}13)$$

式中 γ_0——结构重要性系数,对安全等级为一级或设计使用年限为50a以上的结构构件,不应小于1.1;对安全等级为二级或设计使用年限为50a的结构构件,不应小于1.0;对安全等级为三级或设计使用年限为1~5a的结构构件,不应小于0.9;

γ_L——结构构件的抗力模型不定性系数。对静力设计,考虑结构设计使用年限的荷载调整系数,设计使用年限为50a,取1.0;设计使用年限为100a,取1.1;

S_{Gk}——永久荷载标准值的效应;

S_{Q1k}——在基本组合中起控制作用的一个可变荷载标准值的效应;

S_{Qik}——第 i 个可变荷载标准值的效应;

$R(\cdot)$——结构构件的抗力函数;

γ_{Qi}——第 i 个可变荷载的分项系数,一般情况下取1.5;

ψ_{ci}——第 i 个可变荷载的组合值系数,一般情况下应取0.7;对书库、档案库、储藏室或通风机房、电梯机房应取0.9;

f——砌体的强度设计值;

a_k——几何参数标准值。

③当砌体结构作为一个刚体,需验算整体稳定性时,例如倾覆、滑移、漂浮等,应按下列公式中最不利组合进行验算

$$\gamma_0(1.3S_{G2k} + 1.5\gamma_L S_{Q1k} + \gamma_L \sum_{i=2}^{n} S_{Qik}) \leqslant 0.8 S_{G1k} \qquad (2\text{-}14)$$

式中　S_{G1k}——起有利作用的永久荷载标准值的效应；

　　　S_{G2k}——起不利作用的永久荷载标准值的效应。

2.6.2　砌体的强度标准值和设计值

1.砌体的强度标准值

砌体的强度标准值应具有不小于 95% 的保证率,即按下式计算

$$f_k = f_m - 1.645\sigma_f = f_m(1 - 1.645\delta_f) \qquad (2\text{-}15)$$

式中　f_k——砌体的强度标准值；

　　　f_m——砌体的强度平准值；

　　　σ_f——砌体强度的标准差；

　　　δ_f——砌体强度的变异系数。

根据我国的大量试验数据,通过统计分析,得到了砌体抗压、轴心抗拉、弯曲抗拉及抗剪强度平均值 f_m 的计算公式以及砌体强度的标准差和变异系数。由此得出的各类砌体的强度标准值见《规范》。

2.砌体的强度设计值

砌体的强度设计值 f 是砌体强度标准值 f_k 除以材料性能分项系数 γ_f,按下式计算

$$f = \frac{f_k}{\gamma_f} \qquad (2\text{-}16)$$

式中　f——砌体的强度设计值；

　　　γ_f——砌体结构的材料性能分项系数,一般情况下,宜按施工质量控制等级为 B 级考虑,取 $\gamma_f = 1.6$;当为 C 级时,$\gamma_f = 1.8$;当为 A 级时,$\gamma_f = 1.5$。

《砌体结构工程施工质量验收规范》(GB 50203—2011)根据施工现场的质量管理、砂浆和混凝土强度、砂浆拌和方式、砌筑工人技术等级等方面的综合水平,把砌体施工质量控制等级分为 A、B、C 三级,见表 2-9。施工质量控制等级的选择由设计单位和建设单位商定,并应在工程设计图中明确设计采用的施工质量控制等级。

表 2-9　　　　　　　　　　　施工质量控制等级

项目	施工质量控制等级		
	A	B	C
现场质量管理	监督检查制度健全,并严格执行;施工方有在岗专业技术管理人员,人员齐全,并持证上岗	监督检查制度基本健全,并能执行;施工方有在岗专业技术管理人员,人员齐全,并持证上岗	有监督检查制度;施工方有在岗专业技术管理人员

续表

项目	施工质量控制等级		
	A	B	C
砂浆、混凝土强度	试块按规定制作,强度满足验收规定,离散性小	试块按规定制作,强度满足验收规定,离散性较小	试块按规定制作,强度满足验收规定,离散性大
砂浆拌和	机械拌和;配合比计量控制严格	机械拌和;配合比计量控制一般	机械或人工拌和;配合比计量控制较差
砌筑工人	中级工以上,其中,高级工不少于30%	高、中级工不少于70%	初级工以上

注:1.砂浆、混凝土强度离散性大小根据强度标准差确定。

2.配筋砌体不得为C级施工。

按公式(2-1)~(2-4)分别算出砌体轴心抗压及轴心抗拉、弯曲抗拉和抗剪等平均强度 f_m 后,按公式(2-15)和(2-16)即可确定其强度设计值 f。为了设计应用,表2-10~表2-16中列出施工质量控制等级为B级、龄期为28 d的以毛截面计算的各类砌体抗压强度设计值,在表2-17中列出砌体的轴心抗拉强度设计值、弯曲抗拉强度设计值和抗剪强度设计值。当施工质量控制等级为C级时,表中数值应乘以调整系数 $\gamma_a = 1.6/1.8 \approx 0.89$;当施工质量控制等级为A级时,可将表中砌体强度设计值提高5%。

(1)抗压强度设计值

龄期为28 d的以毛截面计算的各类砌体抗压强度设计值,当施工质量控制等级为B级时,应根据块体和砂浆的强度等级分别按表2-10~表2-16采用。

表 2-10　　　　　　烧结普通砖和烧结多孔砖砌体的抗压强度设计值　　　　　　MPa

砖强度等级	砂浆强度等级					砂浆强度
	M15	M10	M7.5	M5	M2.5	0
MU30	3.94	3.27	2.93	2.59	2.26	1.15
MU25	3.60	2.98	2.68	2.37	2.06	1.05
MU20	3.22	2.67	2.39	2.12	1.84	0.94
MU15	2.79	2.31	2.07	1.83	1.60	0.82
MU10	—	1.89	1.69	1.50	1.30	0.67

注:当烧结多孔砖的孔洞率大于30%时,表中数值应乘以0.9。

表 2-11　　　　　　混凝土普通砖和混凝土多孔砖砌体的抗压强度设计值　　　　　　MPa

砖强度等级	砂浆强度等级					砂浆强度
	Mb20	Mb15	Mb10	Mb7.5	Mb5	0
MU30	4.61	3.94	3.27	2.93	2.59	1.15
MU25	4.21	3.60	2.98	2.68	2.37	1.05
MU20	3.77	3.22	2.67	2.39	2.12	0.94
MU15	—	2.79	2.31	2.07	1.83	0.82

表 2-12　　　　蒸压灰砂普通砖和蒸压粉煤灰普通砖砌体的抗压强度设计值　　　　MPa

砖强度等级	砂浆强度等级				砂浆强度
	M15	M10	M7.5	M5	0
MU25	3.60	2.98	2.68	2.37	1.05
MU20	3.22	2.67	2.39	2.12	0.94
MU15	2.79	2.31	2.07	1.83	0.82

注:当采用专用砂浆砌筑时,其抗压强度设计值按表中数值采用。

表 2-13　　单排孔混凝土砌块和轻集料混凝土砌块对孔砌筑砌体的抗压强度设计值　　　MPa

砌块强度等级	砂浆强度等级					砂浆强度
	Mb20	Mb15	Mb10	Mb7.5	Mb5	0
MU20	6.30	5.68	4.95	4.44	3.94	2.33
MU15	—	4.61	4.02	3.61	3.20	1.89
MU10	—	—	2.79	2.50	2.22	1.31
MU7.5	—	—	—	1.93	1.71	1.01
MU5	—	—	—	—	1.19	0.70

注:1. 对独立柱或厚度为双排组砌的砌块砌体,应按表中数值乘以 0.7。

2. 对 T 形截面墙体、柱,应按表中数值乘以 0.85。

表 2-14　　　　双排孔或多排孔轻集料混凝土砌块砌体的抗压强度设计值　　　　MPa

砌块强度等级	砂浆强度等级			砂浆强度
	Mb10	Mb7.5	Mb5	0
MU10	3.08	2.76	2.45	1.44
MU7.5	—	2.13	1.88	1.12
MU5	—	—	1.31	0.78
MU3.5	—	—	0.95	0.56

注:1. 表中的砌块为火山渣、浮石和陶粒轻集料混凝土砌块。

2. 对厚度方向为双排组砌的轻集料混凝土砌块砌体的抗压强度设计值,应按表中数值乘以 0.8。

表 2-15　　　　　　　毛料石砌体的抗压强度设计值　　　　　　　MPa

毛石强度等级	砂浆强度等级			砂浆强度
	M7.5	M5	M2.5	0
MU100	5.42	4.80	4.18	2.13
MU80	4.85	4.29	3.73	1.91
MU60	4.20	3.71	3.23	1.65
MU50	3.83	3.39	2.95	1.51
MU40	3.43	3.04	2.64	1.35
MU30	2.97	2.63	2.29	1.17
MU20	2.42	2.15	1.87	0.95

注:对细料石砌体、粗料石砌体和干砌勾缝石砌体,表中数值应分别乘以调整系数 1.4、1.2 和 0.8。

表 2-16　　　　　　　　　　毛石砌体的抗压强度设计值　　　　　　　　　　MPa

毛石强度等级	砂浆强度等级			砂浆强度
	M7.5	M5	M2.5	0
MU100	1.27	1.12	0.98	0.34
MU80	1.13	1.00	0.87	0.30
MU60	0.98	0.87	0.76	0.26
MU50	0.90	0.80	0.69	0.23
MU40	0.80	0.71	0.62	0.21
MU30	0.69	0.61	0.53	0.18
MU20	0.56	0.51	0.44	0.15

（2）砌体的轴心抗拉、弯曲抗拉和抗剪强度设计值

龄期为 28d 的以毛截面计算的各类砌体的轴心抗拉强度设计值、弯曲抗拉强度设计值和抗剪强度设计值，当施工质量控制等级为 B 级时，应根据砂浆强度等级按表 2-17 采用。

表 2-17　　　　　　　沿砌体灰缝截面破坏时砌体的轴心抗拉强度设计值、

弯曲抗拉强度设计值和抗剪强度设计值　　　　　　　　　MPa

强度类别	破坏特征及砌体种类		砂浆强度等级			
			≥M10	M7.5	M5	M2.5
轴心抗拉	沿齿缝	烧结普通砖、烧结多孔砖	0.19	0.16	0.13	0.09
		混凝土普通砖、混凝土多孔砖	0.19	0.16	0.13	—
		蒸压灰砂普通砖、蒸压粉煤灰普通砖	0.12	0.10	0.08	—
		混凝土和轻集料混凝土砌块	0.09	0.08	0.07	—
		毛石	—	0.07	0.06	0.04
弯曲抗拉	沿齿缝	烧结普通砖、烧结多孔砖	0.33	0.29	0.23	0.17
		混凝土普通砖、混凝土多孔砖	0.33	0.29	0.23	—
		蒸压灰砂普通砖、蒸压粉煤灰普通砖	0.24	0.20	0.16	—
		混凝土和轻集料混凝土砌块	0.11	0.09	0.08	—
		毛石	—	0.11	0.09	0.07
	沿通缝	烧结普通砖、烧结多孔砖	0.17	0.14	0.11	0.08
		混凝土普通砖、混凝土多孔砖	0.17	0.14	0.11	—
		蒸压灰砂普通砖、蒸压粉煤灰普通砖	0.12	0.10	0.08	—
		混凝土和轻集料混凝土砌块	0.08	0.06	0.05	—

强度类别	破坏特征及砌体种类	砂浆强度等级			
		≥M10	M7.5	M5	M2.5
抗剪	烧结普通砖、烧结多孔砖	0.17	0.14	0.11	0.08
	混凝土普通砖、混凝土多孔砖	0.17	0.14	0.11	—
	蒸压灰砂普通砖、蒸压粉煤灰普通砖	0.12	0.10	0.08	—
	混凝土和轻集料混凝土砌块	0.09	0.08	0.06	—
	毛石	—	0.19	0.16	0.11

注:1. 对于用形状规则的块体砌筑的砌体,当搭接长度与块体高度的比值小于 1 时,其轴心抗拉强度设计值 f_t 和弯曲抗拉强度设计值 f_{tm} 应按表中数值乘以搭接长度与块体高度比值后采用。

2. 表中数值是依据普通砂浆砌筑的砌体确定,采用经研究性试验且通过技术鉴定的专用砂浆砌筑的蒸压灰砂普通砖、蒸压粉煤灰普通砖砌体,其抗剪强度设计值按相应普通砂浆强度等级砌筑的烧结普通砖砌体采用。

3. 对混凝土普通砖、混凝土多孔砖、混凝土和轻集料混凝土砌块砌体,表中的砂浆强度等级分别为≥Mb10、Mb7.5、Mb5。

（3）灌孔砌块砌体的抗压强度和抗剪强度设计值

单排孔混凝土砌块对孔砌筑时,灌孔砌体的抗压强度设计值 f_g,应按下列公式计算

$$f_g = f + 0.6\alpha f_c \tag{2-17}$$

$$\alpha = \delta\rho \tag{2-18}$$

式中　f_g——灌孔混凝土砌块砌体的抗压强度设计值,该值不应大于未灌孔砌体抗压强度设计值的 2 倍;

f——未灌孔混凝土砌块砌体的抗压强度设计值,应按表 2-13 采用;

f_c——灌孔混凝土的轴心抗压强度设计值;

α——混凝土砌块砌体中灌孔混凝土面积和砌体毛面积的比值;

δ——混凝土砌块的孔洞率;

ρ——混凝土砌块砌体的灌孔率,系截面灌孔混凝土面积与截面孔洞面积的比值,灌孔率应根据受力或施工条件确定,且不应小于 33％。

混凝土砌块砌体的灌孔混凝土要求有较好的流动性,其强度等级不应低于 Cb20,且不应低于 1.5 倍的块体强度等级。灌孔混凝土强度指标取同强度等级的混凝土强度指标。

单排孔混凝土砌块对孔砌筑时,灌孔砌体的抗剪强度设计值 f_{vg},应按下式计算

$$f_{vg} = 0.2 f_g^{0.55} \tag{2-19}$$

式中　f_g——灌孔砌体的抗压强度设计值,MPa。

3. 砌体强度设计值的调整系数

考虑实际工程中的一些不利的因素,各类砌体的强度设计值,当符合表 2-18 所列情况时,其砌体强度设计值应乘以调整系数 γ_a。

表 2-18 砌体强度设计值的调整系数

使用情况		γ_a
构件截面面积 A 小于 0.3 m^2 的无筋砌体		$A + 0.7$
构件截面面积 A 小于 0.2 m^2 的配筋砌体		$A + 0.8$
当砌体用强度等级小于 M5.0 的水泥砂浆砌筑时	对表 2-10～表 2-16 中的数值	0.9
	对表 2-17 中的数值	0.8
当验算施工中房屋的构件时		1.1

注:1.表中构件截面面积 A 以 m^2 计。

2.当砌体同时符合表中所列几种使用时,应将砌体的强度设计值连续乘以调整系数 γ_a。

施工阶段砂浆尚未硬化的新砌砌体的强度和稳定性,可按砂浆强度为零进行验算。对于冬期施工采用掺盐砂浆法施工的砌体,砂浆强度等级按常温施工的强度等级提高一级,砌体强度和稳定性可不验算。配筋砌体不得用掺盐砂浆施工。

【例 2-1】 一砖砌体柱,截面面积 $A = 0.136\ 9$ m^2,采用 MU10 烧结多孔砖(孔洞率为 36%)和 M2.5 水泥砂浆砌筑,试确定该砌体的抗压强度设计值。

【解】 (1)查表 2-10 得 $f = 1.30$ MPa;

(2)当烧结多孔砖的孔洞率大于 30% 时,表 2-10 中数值应乘以 0.9,故 $f = 0.9 \times 1.30 = 1.17$ MPa;

(3)M2.5 水泥砂浆强度等级小于 M5.0,应乘以调整系数 $\gamma_a = 0.9$,故调整后的强度 $f = 0.9 \times 1.17 = 1.053$ MPa;

(4)截面面积 $A = 0.136\ 9$ m$^2 < 0.3$ m^2,应乘以调整系数 $\gamma_a = A + 0.7 = 0.139\ 6 + 0.7 = 0.839\ 6$,故 $f = 0.839\ 6 \times 1.053 = 0.88$ MPa;

【例 2-2】 一 T 形截面砌块砌体柱采用 MU15 混凝土小型空心砌块和 Mb7.5 混合砂浆砌筑,试确定该砌体的抗压强度设计值。

【解】 (1)查表 2-13 得 $f = 3.61$ MPa

(2)对独立柱应按表 2-13 中数值应乘以 0.7,故 $f = 0.7 \times 3.61 = 2.527$ MPa

(3)对于 T 形截面柱应按表 2-13 中数值应乘以 0.85,故调整后的强度 $f = 0.85 \times 2.527 = 2.15$ MPa

【例 2-3】 一混凝土小型空心砌块砌体柱,截面尺寸 $b \times h = 390$ mm $\times 590$ mm,采用 MU10 和 Mb5 混合砂浆砌筑,砌块的孔洞率为 45%,空心部分用 Cb20 混凝土灌实,灌孔率为 100%,试确定该灌孔砌块砌体的抗压强度设计值。

【解】 (1)查表 2-13 得 $f = 2.22$ MPa;

(2)对独立柱应按表 2-13 中数值应乘以 0.7,故 $f = 0.7 \times 2.22 = 1.554$ MPa;

(3)已知砌块砌体的灌孔率为 $\rho = 100\%$,砌块的孔洞率为 $\delta = 45\%$,则砌块砌体中灌孔混凝土面积和砌体毛面积的比值 $\alpha = \delta_\rho = 45\% \times 100\% = 0.45$;

(4)查《混凝土结构设计规范》得 $f_c = 9.6$ MPa;

(5)灌孔混凝土砌块砌体的抗压强度设计值：

$$f_g = f + 0.6\alpha f_c = 1.554 + 0.6 \times 0.45 \times 9.6 \text{ MPa} = 4.146 \text{ MPa} > 2f = 2 \times 1.554$$
$$= 3.108 \text{ MPa}$$

取 $f_g = 3.108$ MPa；

(6)柱截面面积 $A = 0.39 \times 0.59 = 0.2301$ m² < 0.3 m²，应乘以调整系数 $\gamma_a = A + 0.7 = 0.2301 + 0.7 = 0.9301$。故调整后的强度 $f = 0.9301 \times 3.108 = 2.89$ MPa

【例 2-4】 一截面尺寸为 1 200 mm×190 mm 的窗间墙，采用 MU15 单排孔混凝土砌块和 Mb7.5 混合砂浆砌筑，灌孔混凝土强度等级 Cb30（$f_c = 14.3$ MPa），混凝土砌块的孔洞率为 35%，砌体灌孔率为 33%，试确定该灌孔砌块砌体的抗压强度设计值。

【解】 (1)查表 2-13 得 $f = 3.61$ MPa；

(2)已知砌块砌体的孔洞率为 $\delta = 35\%$，砌块的灌孔率为 $\rho = 33\%$，则砌块砌体中灌孔混凝土面积和砌体毛面积的比值 $\alpha = \delta\rho = 35\% \times 33\% = 0.116$

(3)灌孔混凝土砌块砌体的抗压强度设计值

$$f_g = f + 0.6\alpha f_c = 3.61 + 0.6 \times 0.116 \times 14.3 \text{ MPa} = 4.605 \text{ MPa} < 2f = 2 \times 3.61$$
$$= 7.22 \text{ MPa}$$

取 $f_g = 4.605$ MPa；

(4)柱截面面积 $A = 1.2 \times 0.19 = 0.228$ m² < 0.3 m²，应乘以调整系数 $\gamma_a = A + 0.7 = 0.228 + 0.7 = 0.928$。故调整后的强度 $f = 0.928 \times 4.605 = 4.27$ MPa

2.7 砌体结构的耐久性

2.7.1 砌体结构耐久性的概念与影响因素

1. 砌体结构耐久性的概念

砌体结构在自然环境和人为环境的长期作用下，发生着极其复杂的物理化学反应，除应保证建成后的承载力和适用性外，还应能保证在其预定的使用年限内，不出现无法接受的承载力减小、使用功能降低和不能接受的外观破损等的耐久性要求，以免影响结构的使用寿命。

砌体结构的耐久性是指结构在规定的工作环境中，在预定的设计使用年限内，在正常维护条件下不需要进行大修或加固就能完成预定功能要求的能力。规定的工作环境是指建筑物所在地区的环境及工业生产所形成的环境等；设计使用年限是设计规定的一个时期，在这一时期内，只需正常维修（不需大修）就能完成预定功能，即房屋建筑在正常设计、正常施工、

正常使用和维护所应达到的使用年限。《建筑结构可靠性设计统一标准》GB 50068－2018
给出了建筑结构的设计使用年限,见表 2-19。

表 2-19 建筑结构的设计使用年限

类别	设计使用年限/年	示例
1	5	临时性建筑结构
2	25	易于替换的结构构件
3	50	普通房屋和构筑物
4	100	标志性建筑和特别重要的建筑结构

2. 影响砌体结构耐久性的因素

影响砌体结构耐久性的因素很多,如冻融循环(干湿循环)、碱骨料反应和耐水性差等引起砌体材料强度降低,构件表面机械损伤和风化等造成构件截面减小,裂缝、混凝土(或砂浆)碳化和腐蚀环境(如除冰盐、海洋环境)等导致配筋砌体钢筋锈蚀。在各种因素的长期复合作用下,使得材料强度、结构承载力和刚度降低,结构表面美观受到影响,并首先影响到结构的正常使用,如漏水、变形和开裂增大,并最终可能导致结构的破坏和垮塌。各种影响砌体结构耐久性的因素有时又相互影响,而造成的结果又会使这些不利影响加重。

上述影响砌体结构耐久性的因素可分为内部和外部两方面。内部因素有砌体材料的强度、渗透性、保护层厚度、水泥品种、标号和用量、氯离子及碱含量、外加剂等;外部因素主要有环境温度、湿度、CO_2 含量、侵蚀性介质、水、冻融及磨损等。

砌体结构耐久性问题涉及面广,影响因素多,进行房屋砌体结构的耐久性设计应包括下列内容:

①确定结构的环境类别及作用等级。

②提出砌体中钢筋耐久性质量要求。

③确定砌体中钢筋的保护层厚度。

④满足耐久性要求应采取的防护措施。

⑤砌体材料的耐久性规定。

2.7.2 耐久性设计

砌体结构的耐久性包括两个方面,一是对配筋砌体结构构件的钢筋的保护,二是对砌体材料保护。砌体结构耐久性问题表现为:配筋砌体结构构件表面出现锈渍或锈胀裂缝;砌体材料表面出现可见的耐久性损伤(粉化、酥裂、剥落等)。

鉴于砌体结构材料性能劣化的规律不确定性很大,目前除个别特殊工程以外,一般建筑结构的耐久性问题只能采用经验性的方法解决。

1. 砌体结构的环境类别

砌体结构的耐久性与结构所处的使用环境有密切关系。同一结构在强腐蚀环境中的使用寿命要比一般大气环境中的使用寿命短,对砌体结构使用环境进行分类,可以在设计时针对不同的环境类别和耐久性作用等级采取相应的措施,达到设计使用年限的要求。我国《规范》规定,砌体结构的耐久性应根据环境类别和设计使用年限进行设计。环境类别的划分见表 2-20。

表 2-20 砌体结构的环境类别

类别	条 件
1	正常居住及办公建筑的内部干燥环境
2	潮湿的室内或室外环境,包括与无侵蚀性土和水接触的环境
3	严寒和使用化冰盐的潮湿环境(室内或室外)
4	与海水直接接触的环境,或处于滨海地区的盐饱和的气体环境
5	有化学侵蚀的气体、液体或固态形式的环境,包括有侵蚀性土壤的环境

2. 砌体中钢筋的耐久性选择

当设计使用年限为 50a 时,砌体中钢筋的耐久性选择应符合表 2-21 的规定。

表 2-21 砌体中钢筋耐久性的选择

环境类别	钢筋种类和最低保护要求	
	位于砂浆中的钢筋	位于灌孔混凝土中的钢筋
1	普通钢筋	普通钢筋
2	重镀锌或有等效保护的钢筋	当采用混凝土灌孔时,可为普通钢筋;当采用砂浆灌孔时应为重镀锌或有等效保护的钢筋
3	不锈钢或有等效保护的钢筋	重镀锌或有等效保护的钢筋
4 和 5	不锈钢或等效保护的钢筋	不锈钢或等效保护的钢筋

注:1. 对夹心墙的外叶墙,应采用重镀锌或有等效保护的钢筋。

2. 表中的钢筋即国家现行标准《混凝土结构设计规范》(GB 50010—2010)(2015 年版)和《冷轧带肋钢筋混凝土结构技术规程》(JGJ 95—2011)等标准规定的普通钢筋或非预应力钢筋。

3. 砌体中钢筋的保护层厚度

设计使用年限为 50a 时,砌体中钢筋保护层厚度,应符合下列规定:

(1)配筋砌体中钢筋的最小混凝土保护层应符合表 2-22 的规定。

(2)灰缝中钢筋外露砂浆保护层厚度不应小于 15 mm。

(3)所有钢筋端部均应有与对应钢筋的环境类别条件相同的保护层厚度。

(4)对填实的夹心墙或特别的墙体构造,钢筋的最小保护层厚度,应符合下列规定:

a. 用于环境类别 1 时,应取 20 mm 厚砂浆或灌孔混凝土与钢筋直径较大者。

b. 用于环境类别 2 时,应取 20 mm 厚灌孔混凝土与钢筋直径较大者。

c. 采用重镀锌钢筋时,应取 20 mm 厚砂浆或灌孔混凝土与钢筋直径较大者。

d. 采用不锈钢筋时,应取钢筋的直径。

表 2-22　　　　　　　　　　　钢筋的最小保护层厚度

环境类别	混凝土强度等级			
	C20	C25	C30	C35
	最低水泥含量/(kg·m⁻³)			
	260	280	300	320
1	20	20	20	20
2	—	25	25	25
3	—	40	40	30
4	—	—	40	40
5	—	—	—	40

注:1.材料中最大氯离子含量和最大碱含量应符合现行国家标准《混凝土结构设计规范》GB 50010—2010规定。

2.当采用防渗砌体块体和防渗砂浆时,可以考虑部分砌体(含抹灰层)的厚度作为保护层,但对环境类别1、2、3,其混凝土保护层的厚度相应不应小于10 mm、15 mm、20 mm。

3.钢筋砂浆面层的组合砌体构件的钢筋保护层厚度宜比表2-22规定的混凝土保护层厚度数值增加5～10 mm。

4.对安全等级为一级或设计使用年限为50a以上的砌体结构,钢筋保护层的厚度应至少增加10 mm。

4.满足耐久性要求应采取的防护措施

设计使用年限为50a时,夹心墙的钢筋连接件或钢筋网片、连接钢板、锚固螺栓或钢筋,应采用重镀锌或等效的防护涂层,镀锌层的厚度不应小于290 g/m²;当采用环氧涂层时,灰缝钢筋涂层厚度不应小于290 μm,其余部件涂层厚度不应小于450 μm。

5.砌体材料的耐久性规定

设计使用年限为50a时,砌体材料的耐久性应符合下列规定:

(1)地面以下或防潮层以下的砌体、潮湿房间的墙或环境类别2的砌体,所用材料的最低强度等级应符合表2-23的规定。

表 2-23　　地面以下或防潮层以下的砌体、潮湿房间的墙所用材料的最低强度等级

潮湿程度	烧结普通砖	混凝土普通砖、蒸压普通砖	混凝土砌块	石材	水泥砂浆
稍潮湿的	MU15	MU20	MU7.5	MU30	M5
很潮湿的	MU20	MU20	MU10	MU30	M7.5
含水饱和的	MU20	MU25	MU15	MU40	M10

注:1.在冻胀地区,地面以下或防潮层以下的砌体,不宜采用多孔砖,如采用时,其孔洞应用不低于M10的水泥砂浆预先灌实;当采用混凝土空心砌块时,其孔洞应采用强度等级不低于Cb20的混凝土预先灌实。

2.对安全等级为一级或设计使用年限大于50a的房屋,表中材料强度等级应至少提高一级。

(2)处于环境类别3～5等有侵蚀性介质的砌体材料应符合下列规定:

①不应采用蒸压灰砂普通砖、蒸压粉煤灰普通砖。

②应采用实心砖,砖的强度等级不应低于MU20,水泥砂浆的强度等级不应低于M10。

③混凝土砌块的强度等级不应低于MU15,灌孔混凝土的强度等级不应低于Cb30,砂浆的强度等级不应低于Mb10。

④应根据环境条件对砌体材料的抗冻指标、耐酸及耐碱性能提出要求,或符合有关规范的规定。

本章小结

(1)砌体是由块体和砂浆黏结而成的复合体。本章较为系统地介绍了主要砌体的种类与性能,组成各类砌体的块体及砂浆种类及主要性能,砌体结构以概率为基础的极限状态设计方法及耐久性的基本概念。

(2)常用的块体有烧结普通砖、烧结多孔砖、蒸压灰砂普通砖、蒸压粉煤灰普通砖、混凝土砖、混凝土砌块和石材。砂浆按其组成成分和使用条件的不同可分为水泥砂浆、混合砂浆、非水泥砂浆、混凝土砌块(砖)专用砌筑砂浆、蒸压灰砂普通砖和蒸压粉煤灰普通砖专用砌筑砂浆。应根据结构构件的不同受力及使用条件合理选择块体和砂浆类型及其强度等级。

(3)按砌体中有无配筋可分为无筋砌体和配筋砌体两大类。无筋砌体又分为砖砌体、混凝土砌块砌体及石砌体;配筋砌体可分为配筋砖砌体和配筋砌块砌体。

(4)砌体主要用于受压构件,故砌体轴心抗压强度是砌体最重要的力学指标。砌体轴心受压从开始受力到破坏大致经历了单块砖先裂、裂缝贯穿若干皮砖、形成独立小柱体等三个特征阶段。

(5)砖砌体的抗压强度明显低于它所用砖的抗压强度,这是因为单块砖在砌体内并非均匀受压,而是处于压、弯、剪及拉等复合应力状态,其抗压强度降低;而砂浆则处于三向受压的应力状态,故其强度有所提高。明确砌体受压的破坏过程及单块砖受压时的应力状态,可从机理上理解影响砌体抗压强度的主要因素。

(6)砌体的轴心抗拉强度、弯曲抗拉强度及抗剪强度主要取决于砂浆或块体强度等级。当砂浆的强度等级较低时,发生沿齿缝或通缝截面破坏,主要与砂浆的强度等级有关;当块体的强度等级较低时,常发生沿块体截面破坏,主要与块体的强度等级有关。

(7)在实际工程中,一般取压应力 $\sigma = 0.43 f_m$ 时的割线模量作为砌体的弹性模量。此外剪变模量、线膨胀系数和收缩率都是砌体变形的主要参数,而摩擦系数是在砌体结构的抗滑移和抗剪承载力计算中常用的一个物理指标。

(8)我国《规范》采用以概率为基础的极限状态设计方法,砌体结构应按承载能力极限状态设计,并满足正常使用极限状态的要求。由于砌体结构自重大的特点,其正常使用极限状态的要求在一般情况下可由相应的构造措施予以保证。

(9)砌体结构采用分项系数的设计表达式进行计算,砌体结构在多数情况下是以承受自重为主的结构,除考虑一般的荷载组合($\gamma_G = 1.2$、$\gamma_Q = 1.4$)外,还应考虑以自重为主的荷载组合($\gamma_G = 1.35$、$\gamma_Q = 1.4$)。

(10)砌体的强度标准值应具有不小于 95% 的保证率,砌体强度的设计值为砌体强度标准值除以材料性能分项系数 γ_f。一般情况下,宜按施工质量控制等级为 B 级考虑,取 $\gamma_f = 1.6$;当为 C 级时,$\gamma_f = 1.8$;当为 A 级时,$\gamma_f = 1.5$。

(11)砌体结构的耐久性对保证结构安全、适用具有重要的意义,应正确地确定结构所处的环境类别,符合耐久性的基本要求,并采取相应的耐久性技术措施。

思考题

2-1 什么是砌体？砌体的种类有哪些？

2-2 砂浆在砌体中起什么作用？有哪些砂浆类型？

2-3 块体和砂浆的强度等级如何表示？在什么情况下砂浆强度取为零？

2-4 砌体对砂浆的质量有什么要求？

2-5 什么是配筋砌体，配筋砌体有何优点及用途？

2-6 轴心受压砌体的破坏特征有哪些？

2-7 砌体在轴心压力作用下单块砖及砂浆可能处于怎样的应力状态？它对砌体的抗压强度有何影响？

2-8 为什么砌体抗压强度一般远小于块体的抗压强度？

2-9 影响砌体抗压强度的因素有哪些？

2-10 轴心受拉、弯曲受拉及剪切破坏的砌体构件有哪些破坏形态？其破坏形态主要取决于哪些因素？

2-11 砌体的弹性模量是如何确定的？它主要与哪些因素有关？

2-12 采用分项系数的砌体结构按承载能力极限状态设计的表达式是什么？

2-13 砌体强度的标准值和设计值是如何确定的？

2-14 什么是砌体施工质量控制等级，在设计时如何体现？

2-15 砌体结构耐久性设计包括哪些内容？

习 题

2-1 一毛料石砌体柱，截面尺寸 $b \times h = 490$ mm $\times 490$ mm，采用 MU20 粗料石和 M2.5 水泥砂浆砌筑，试确定该砌体的抗压强度设计值。

2-2 一 T 形截面砌块砌体柱，采用 MU10 混凝土小型空心砌块和 Mb5 混合砂浆砌筑，试确定该砌体的抗压强度设计值。

2-3 一截面尺寸为 1 200 mm $\times$ 190 mm 的窗间墙，采用 MU15 和 Mb7.5 混合砂浆砌筑，砌块的孔洞率为 45%，空心部分用 Cb30 混凝土灌实，灌孔率为 100%，试确定该灌孔砌块砌体的抗压强度设计值。

2-4 一混凝土砌块柱，截面尺寸为 390 mm $\times$ 590 mm，采用 MU10 单排孔混凝土砌块和 Mb5 混合砂浆砌筑，灌孔混凝土强度等级 Cb20，混凝土砌块的孔洞率为 45%，砌体灌孔率为 50%，试确定该灌孔砌块砌体的抗压强度设计值。

第3章

无筋砌体构件承载力的计算

教学提示

本章较详细地介绍了无筋砌体结构构件受压、局部受压、轴心受拉、受弯和受剪承载力的计算方法,给出了相应例题,并对例题进行了点评。

教学要求

本章让学生熟练掌握砌体受压构件和砌体局部受压时的承载力计算方法;同时,对砌体受拉、受弯和受剪构件承载力的计算方法有深刻的理解,以运用这些基本知识和方法解决工程中的实际问题。

受压构件

3.1　　受压构件

在砌体结构中,最常用的是受压构件,例如墙、柱等。砌体受压构件的承载力主要取决于构件的截面面积、砌体的抗压强度、轴向压力的偏心距及构件的高厚比。构件的高厚比是构件的计算高度 H_0 与相应方向边长 h 的比值,用 β 表示,即 $\beta = H_0/h$。当构件的 $\beta \leqslant 3$ 时称为短柱,$\beta > 3$ 时称为长柱。对短柱的承载力可不考虑构件高厚比的影响。

3.1.1 受压短柱的承载力

1. 偏心距对承载力的影响

如图 3-1 所示为承受轴向压力的砌体受压短柱构件,随着轴向力偏心距的增大,构件截面的受力特征逐渐变化。当构件承受轴心压力时,构件截面上的压应力均匀分布,构件破坏时,正截面所能承受的最大压应力即为砌体的轴心抗压强度,如图 3-1(a)所示;当构件承受偏心压力时,构件截面上的压应力是不均匀的;当偏心距较小时,由于砌体的弹塑性性能,应力图形呈曲线分布,一侧应力较大,破坏时该侧压应变比轴心受压时均匀压应变略高,而边缘压应力也比轴心抗压强度略大,如图 3-1(b)所示;随偏心距的增大,远离荷载一侧截面边缘的压应力将随偏心距的增大而减小,并由受压逐渐过渡到受拉,但只要在受压边压碎之前受拉的拉应力尚未达到通缝的抗拉强度,则截面的受拉边就不会开裂,直到破坏为止,仍为全截面受力,如图 3-1(c)所示;当偏心距再大时,构件受拉区出现沿截面通缝的水平裂缝,已开裂的截面脱离工作,实际受压区面积减小,如图 3-1(d)所示,当剩余面积减小到一定程度时,砌体受压边出现竖向裂缝,最后导致构件破坏。

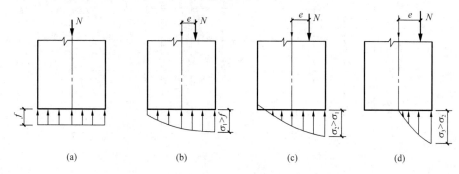

图 3-1 砌体受压时截面应力变化

可以看出,随着轴向力偏心距的增大,砌体受压部分的压应力分布愈加不均匀。虽然受压侧边缘的极限应变和极限强度均有所增大,但由于压应力不均匀的加剧和受压面积的减小,截面所能承担的轴向力随偏心距的加大而明显降低。因此,砌体截面破坏时的轴向承载力极限值与偏心距的大小有关。《规范》采用承载力的影响系数 φ 来反映截面承载力受高厚比和偏心距的影响程度。

2. 偏心影响系数

根据我国对矩形、T形、十字形以及环形截面偏压短柱构件的大量试验资料,经过统计分析,规定砌体受压时的偏心距影响系数按下式计算

$$\varphi = \frac{1}{1 + \left(\dfrac{e}{i}\right)^2} \tag{3-1}$$

式中　i——截面的回转半径,$i = \sqrt{\dfrac{I}{A}}$;

　　　e——荷载设计值产生的轴向力偏心距,$e = \dfrac{M}{N}$。

对矩形截面砌体

$$\varphi = \frac{1}{1 + 12\left(\dfrac{e}{h}\right)^2}$$ (3-2)

式中　h——矩形截面沿轴向力偏心方向的边长,当轴心受压时为截面较小边长。

对于 T 形或十字形截面砌体

$$\varphi = \frac{1}{1 + 12\left(\dfrac{e}{h_T}\right)^2}$$ (3-3)

式中　h_T——T 形或十字形截面的折算厚度,$h_T = 3.5i$。

偏压短柱的承载力可用下式表示

$$N = \varphi f A$$ (3-4)

图 3-2 所示为矩形、T 形、十字形及圆形截面偏压短柱构件偏心影响系数的试验值与按式(3-1)～式(3-3)的计算值描绘的曲线。式(3-1)～式(3-3)与试验结果符合良好,且计算简便,故为《规范》所采用。

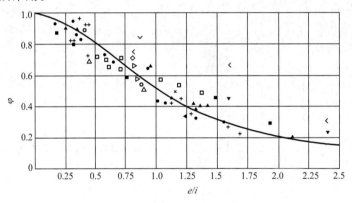

图 3-2　砌体的偏心距影响系数

3.1.2　受压长柱的承载力

1. 轴心受压长柱

轴心受压长柱由于构件轴线初弯曲、截面材料不均匀等原因,不可避免地引起侧向变形,如图 3-3(a)所示。在承受轴心压力作用时,往往由于侧向变形增大而产生纵向弯曲破坏,因而长柱的受压承载力比同条件的短柱要低,所以在受压构件的承载力计算中要考虑稳定系数 φ_0 的影响。

根据材料力学公式可求得轴心受压柱的稳定系数为

$$\varphi_0 = \frac{1}{1 + \dfrac{1}{\pi^2 \xi}\lambda^2}$$ (3-5)

式中　λ——构件长细比,$\lambda = \dfrac{H_0}{i}$。

当为矩形截面时,有 $\lambda^2=12\beta^2$;当为 T 形或十字形截面时,也有 $\lambda^2=12\beta^2$。

因此式(3-5)可表示为

$$\varphi_0=\frac{1}{1+\frac{12}{\pi^2\xi}\beta^2}=\frac{1}{1+\alpha\beta^2}\tag{3-6}$$

式中　α——与砂浆强度等级有关的系数,当砂浆强度等级大于或等于 M5 时,$\alpha=0.0015$;当砂浆强度等级等于 M2.5 时,$\alpha=0.002$;当砂浆强度等级 f_2 等于 0 时,$\alpha=0.009$;

　　β——构件的高厚比,$\beta=\dfrac{H_0}{h}$ 或 $\beta=\dfrac{H_0}{h_T}$。

2. 偏心受压长柱

长柱在承受单向偏心压力作用时,因柱的侧向变形而产生纵向弯曲,引起一个附加偏心距,如图 3-3(b)所示,使得柱中部截面的轴向压力偏心距增大,所以应考虑附加偏心距对承载力的影响。

在图 3-3(b)所示的单向偏心受压构件中,设轴向压力的偏心距为 e,柱中部截面产生的附加偏心距为 e_i,以柱中部截面总的偏心距($e+e_i$)代替式(3-1)中的原偏心距 e,可得偏心受压长柱考虑纵向弯曲和偏心距的影响系数为

$$\varphi=\frac{1}{1+\left(\frac{e+e_i}{i}\right)^2}\tag{3-7}$$

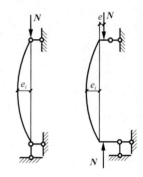

(a)轴心受压柱　(b)偏心受压柱

图 3-3　受压构件的纵向弯曲

当偏心距 $e=0$ 时,应有 $\varphi=\varphi_0$,此处 φ_0 是构件轴心受压时的稳定系数,如式(3-6)所示,称为轴心受压稳定系数。

附加偏心距 e_i 可以根据边界条件来确定,即 $e=0$ 时,$\varphi=\varphi_0$,则

$$\varphi_0=\frac{1}{1+\left(\frac{e_i}{i}\right)^2}\tag{3-8}$$

由式(3-8)可得

$$e_i=i\sqrt{\frac{1}{\varphi_0}-1}\tag{3-9}$$

对矩形截面 $i=h/\sqrt{12}$,代入式(3-9),得

$$e_i=\frac{h}{\sqrt{12}}\sqrt{\frac{1}{\varphi_0}-1}\tag{3-10}$$

将式(3-10)及 $i=h/\sqrt{12}$ 代入式(3-7),便可得出《规范》给出的矩形截面单向偏心受压构件承载力的影响系数

$$\varphi=\frac{1}{1+12\left[\frac{e}{h}+\sqrt{\frac{1}{12}\left(\frac{1}{\varphi_0}-1\right)}\right]^2}\tag{3-11}$$

式中　φ_0——轴心受压构件的稳定系数,按式(3-6)计算。

对 T 形或十字形截面受压构件,计算其承载力的稳定系数时,应以折算厚度 $h_T = 3.5i$ 代替式(3-11)中的 h。

按式(3-11)确定的影响系数 φ 与试验结果相吻合。当式(3-11)中的 $e=0$ 时,可得 $\varphi = \varphi_0$,即为轴心受压构件的稳定系数;当 $\beta \leqslant 3$ 且 $\varphi_0 = 1$ 时,即得受压短柱的承载力影响系数。因此,可用式(3-11)统一考虑轴压和偏压、长柱和短柱的情况。

按式(3-11)计算 φ 值比较烦琐,因此《规范》中根据不同的砂浆强度等级和不同的偏心距及高厚比计算出 φ 值,列于表 3-1~表 3-3,供计算时查用。

表 3-1 影响系数 φ(砂浆强度等级 $\geqslant$M5)

β	$\dfrac{e}{h}$ 或 $\dfrac{e}{h_T}$												
	0	0.025	0.050	0.075	0.100	0.125	0.150	0.175	0.200	0.225	0.250	0.275	0.300
$\leqslant 3$	1.0	0.99	0.97	0.94	0.89	0.84	0.79	0.73	0.68	0.62	0.57	0.52	0.48
4	0.98	0.95	0.90	0.85	0.80	0.74	0.69	0.64	0.58	0.53	0.49	0.45	0.41
6	0.95	0.91	0.86	0.81	0.75	0.69	0.64	0.59	0.54	0.49	0.45	0.42	0.38
8	0.91	0.86	0.81	0.76	0.70	0.64	0.59	0.54	0.50	0.46	0.42	0.39	0.36
10	0.87	0.82	0.76	0.71	0.65	0.60	0.55	0.50	0.46	0.42	0.39	0.36	0.33
12	0.82	0.77	0.71	0.66	0.60	0.55	0.51	0.47	0.43	0.39	0.36	0.33	0.31
14	0.77	0.72	0.66	0.61	0.56	0.51	0.47	0.43	0.40	0.36	0.34	0.31	0.29
16	0.72	0.67	0.61	0.56	0.52	0.47	0.44	0.40	0.37	0.34	0.31	0.29	0.27
18	0.67	0.62	0.57	0.52	0.48	0.44	0.40	0.37	0.34	0.31	0.29	0.27	0.25
20	0.62	0.57	0.53	0.48	0.44	0.40	0.37	0.34	0.32	0.29	0.27	0.25	0.23
22	0.58	0.53	0.49	0.45	0.41	0.38	0.35	0.32	0.30	0.27	0.25	0.24	0.22
24	0.54	0.49	0.45	0.41	0.38	0.35	0.32	0.30	0.28	0.26	0.24	0.22	0.21
26	0.50	0.46	0.42	0.38	0.35	0.33	0.30	0.28	0.26	0.24	0.22	0.21	0.19
28	0.46	0.42	0.39	0.36	0.33	0.30	0.28	0.26	0.24	0.22	0.21	0.19	0.18
30	0.42	0.39	0.36	0.33	0.31	0.28	0.26	0.24	0.22	0.21	0.20	0.18	0.17

表 3-2 影响系数 φ(砂浆强度等级 M2.5)

β	$\dfrac{e}{h}$ 或 $\dfrac{e}{h_T}$												
	0	0.025	0.050	0.075	0.100	0.125	0.150	0.175	0.200	0.225	0.250	0.275	0.300
$\leqslant 3$	1.0	0.99	0.97	0.94	0.89	0.84	0.79	0.73	0.68	0.62	0.57	0.52	0.48
4	0.97	0.94	0.89	0.84	0.78	0.73	0.67	0.62	0.57	0.52	0.48	0.44	0.40
6	0.93	0.89	0.84	0.78	0.73	0.67	0.62	0.57	0.52	0.48	0.44	0.40	0.37
8	0.89	0.84	0.78	0.72	0.67	0.62	0.57	0.52	0.48	0.44	0.40	0.37	0.34
10	0.83	0.78	0.72	0.67	0.61	0.56	0.52	0.47	0.43	0.40	0.37	0.34	0.31
12	0.78	0.72	0.67	0.61	0.56	0.52	0.47	0.43	0.40	0.37	0.34	0.31	0.29
14	0.72	0.66	0.61	0.56	0.51	0.47	0.43	0.40	0.36	0.34	0.31	0.29	0.27
16	0.66	0.61	0.56	0.51	0.47	0.43	0.40	0.36	0.34	0.31	0.29	0.26	0.25
18	0.61	0.56	0.51	0.47	0.43	0.40	0.36	0.33	0.31	0.29	0.26	0.24	0.23
20	0.56	0.51	0.47	0.43	0.39	0.36	0.33	0.31	0.28	0.26	0.24	0.23	0.21
22	0.51	0.47	0.43	0.39	0.36	0.33	0.31	0.28	0.26	0.24	0.23	0.21	0.20
24	0.46	0.43	0.39	0.36	0.33	0.31	0.28	0.26	0.24	0.23	0.21	0.20	0.18
26	0.42	0.39	0.36	0.33	0.31	0.28	0.26	0.24	0.22	0.21	0.20	0.18	0.17
28	0.39	0.36	0.33	0.30	0.28	0.26	0.24	0.22	0.21	0.20	0.18	0.17	0.16
30	0.36	0.33	0.30	0.28	0.26	0.24	0.22	0.21	0.20	0.18	0.17	0.16	0.15

表 3-3　　　　　　　　　　　影响系数 φ（砂浆强度 0）

β	$\dfrac{e}{h}$ 或 $\dfrac{e}{h_T}$												
	0	0.025	0.050	0.075	0.100	0.125	0.150	0.175	0.200	0.225	0.250	0.275	0.300
≤3	1.0	0.99	0.97	0.94	0.89	0.84	0.79	0.73	0.68	0.62	0.57	0.52	0.48
4	0.87	0.82	0.77	0.71	0.66	0.60	0.55	0.51	0.46	0.43	0.39	0.36	0.33
6	0.76	0.70	0.65	0.59	0.54	0.50	0.46	0.42	0.39	0.36	0.33	0.30	0.28
8	0.63	0.58	0.54	0.49	0.45	0.41	0.38	0.35	0.32	0.30	0.28	0.25	0.24
10	0.53	0.48	0.44	0.41	0.37	0.34	0.32	0.29	0.27	0.25	0.23	0.22	0.20
12	0.44	0.40	0.37	0.34	0.31	0.29	0.27	0.25	0.23	0.21	0.20	0.19	0.17
14	0.36	0.33	0.31	0.28	0.26	0.24	0.23	0.21	0.20	0.18	0.17	0.16	0.15
16	0.30	0.28	0.26	0.24	0.22	0.21	0.19	0.18	0.17	0.16	0.15	0.14	0.13
18	0.26	0.24	0.22	0.21	0.19	0.18	0.17	0.16	0.15	0.14	0.13	0.12	0.12
20	0.22	0.20	0.19	0.18	0.17	0.16	0.15	0.14	0.13	0.12	0.12	0.11	0.10
22	0.19	0.18	0.16	0.15	0.14	0.14	0.13	0.12	0.12	0.11	0.10	0.10	0.09
24	0.16	0.15	0.14	0.13	0.13	0.12	0.11	0.11	0.10	0.10	0.09	0.09	0.08
26	0.14	0.13	0.13	0.12	0.11	0.11	0.10	0.10	0.09	0.09	0.08	0.08	0.07
28	0.12	0.12	0.11	0.11	0.10	0.10	0.09	0.09	0.08	0.08	0.08	0.07	0.07
30	0.11	0.10	0.10	0.09	0.09	0.09	0.08	0.08	0.07	0.07	0.07	0.07	0.06

3.1.3　受压构件承载力的计算

在试验研究和理论分析的基础上,《规范》规定,无筋砌体受压构件的承载力应按下式计算

$$N \leqslant \varphi f A \tag{3-12}$$

式中　N——轴向力设计值;

　　　φ——高厚比 β 和轴向力的偏心距 e 对受压构件承载力的影响系数,可按式(3-11)计算,也可按表 3-1～表 3-3 采用;

　　　f——砌体的抗压强度设计值,按表 2-10～表 2-16 采用;

　　　A——截面面积,对各类砌体均应按毛截面计算。

由于砌体材料的种类不同,构件的承载力有较大的差异,因此,在计算影响系数 φ 或查 φ 值表时,构件高厚比 β 应按下式计算

对矩形截面

$$\beta = \gamma_\beta \frac{H_0}{h} \tag{3-13}$$

对 T 形截面

$$\beta = \gamma_\beta \frac{H_0}{h_T} \tag{3-14}$$

式中　H_0——受压构件的计算高度;

　　　h——矩形截面轴向力偏心方向的边长,当轴心受压时为截面较小边长;

h_T——T形截面的折算厚度,可近似按 $3.5i$ 计算,i 为截面回转半径;

γ_β——不同材料砌体构件的高厚比修正系数,按表 3-4 采用。

表 3-4 高厚比修正系数 γ_β

砌体材料类别	γ_β
烧结普通砖、烧结多孔砖	1.0
混凝土普通砖、混凝土多孔砖、混凝土及轻集料混凝土砌块	1.1
蒸压灰砂普通砖、蒸压粉煤灰普通砖、细料石	1.2
粗料石、毛石	1.5

注:对灌孔混凝土砌块砌体,γ_β 取 1.0。

对矩形截面构件,当轴向力偏心方向的截面边长大于另一方向的边长时,除按偏心受压计算外,还应对较小边长方向,按轴心受压进行验算。

轴向力的偏心距 e 按内力设计值计算。当轴向力的偏心距 e 过大时,构件截面受拉边将出现过大的水平裂缝,从而导致截面面积 A 的减小,构件刚度降低,纵向弯矩的影响增大,构件的承载能力显著降低,这样的结构既不安全也不够经济。因此,受压构件承载力计算公式式(3-12)的适用条件是

$$e \leqslant 0.6y \tag{3-15}$$

式中 y——截面重心到轴向力所在偏心方向截面边缘的距离。

当轴向力的偏心距 e 超过 $0.6y$ 时,可采取修改构件截面尺寸的方法;当梁或屋架端部支承反力的偏心距较大时,可在其端部下的砌体上设置带中心装置的垫块或带缺口垫块,如图 3-4 所示。中心装置的位置或缺口垫块的缺口尺寸,可视需要减小的偏心距而定。

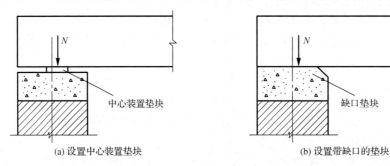

(a) 设置中心装置垫块   (b) 设置带缺口的垫块

图 3-4 减小偏心距的措施

【例 3-1】 一无筋砌体砖柱,截面尺寸为 370 mm×490 mm,柱的高度 $H=3.3$ m,计算高度 $H_0=H$,柱顶承受轴心压力作用,可变荷载标准值为 30 kN,永久荷载标准值 144 kN(不包括砖柱自重),砖砌体的重力密度为 18 kN/m³,结构的安全等级为二级,设计使用年限为 50 a,采用 MU15 蒸压灰砂普通砖和 M5 混合砂浆砌筑,施工质量控制等级为 B 级。试验算该砖柱的承载力。若施工质量控制等级降为 C 级,该砖柱的承载力是否还能满足要求?

【解】 该柱为轴心受压,控制截面应在砖柱底部。

(1)轴向力设计值的计算($\gamma_0=1.0$,$\gamma_L=1.0$)

砖柱自重标准值 $18×0.37×0.49×3.3=10.77$ kN

荷载控制组合为 $N=1.0×[1.3×(144+10.77)+1.5×1.0×30]$

$=246.2$ kN

(2)施工质量控制等级为 B 级的承载力验算

柱截面面积　$A=0.37\times0.49=0.181$ m^2<0.3 m^2

砌体强度设计值应乘以调整系数 γ_a　$\gamma_a=0.7+0.181=0.881$

查表 2-12 得砌体抗压强度设计值为 1.83 MPa，$f=0.881\times1.83=1.612$ MPa

$$\beta=\gamma_\beta\frac{H_0}{h}=1.2\times\frac{3.3}{0.37}=10.7$$

查表 3-1 得 $\varphi=0.853$。

$\varphi fA=0.853\times1.612\times0.181\times10^6=248.88\times10^3$ N$=248.88$ kN$>N=246.2$ kN

满足要求。

(3)施工质量控制等级为 C 级的承载力验算

当施工质量控制等级为 C 级时，砌体抗压强度设计值应予降低，此时

$$f=1.612\times\frac{1.6}{1.8}=1.433$$

$\varphi fA=0.853\times1.433\times0.181\times10^6=221.25\times10^3$ N$=221.25$ kN$<N=246.2$ kN

不满足要求。

点评：本例是第 3 章的第一个计算例题。内容简单，但应熟练掌握以下基本概念：

①控制截面的概念，轴心受压柱的控制截面在构件底部；

②砖砌体自重的计算；

③强度设计值调整系数 γ_a 的采用；

④高厚比修正系数 γ_β 的采用；

⑤影响系数 φ 的线性插值；

⑥施工质量控制等级为 C 级时，砌体抗压强度设计值应予降低。

【例 3-2】　一承受轴心压力的砖柱，截面尺寸为 370 mm×490 mm，采用 MU15 混凝土普通砖和混合砂浆砌筑，施工阶段，砂浆尚未硬化，施工质量控制等级为 B 级。柱顶截面承受的轴向压力设计值 $N=53$ kN，柱的高度 $H=3.5$ m，计算高度 $H_0=H$，砖砌体的重力密度为 22 kN/m^3。试验算该砖柱的承载力是否满足要求。

【解】　(1)轴向力设计值的计算

砖柱自重　$22\times0.37\times0.49\times3.5\times1.3=18.15$ kN

柱底截面上的轴向力设计值　$N=53+18.15=71.15$ kN

(2)承载力验算

柱截面面积　$A=0.37\times0.49=0.181$ m^2<0.3 m^2

砌体强度设计值应乘以调整系数 γ_a　$\gamma_a=0.7+0.181=0.881$

当验算施工中房屋的构件时，γ_a 为 1.1。

施工阶段，砂浆尚未硬化，查表 2-11 得砌体抗压强度设计值为 0.82 MPa

$$f=1.1\times0.881\times0.82=0.795 \text{ MPa}$$

$$\beta=\gamma_\beta\frac{H_0}{h}=1.1\times\frac{3.5}{0.37}=10.41$$

轴心受压砖柱 $e=0$，查表 3-3 得 $\varphi=0.512$。

$$\varphi fA=0.512\times0.795\times0.181\times10^6=73.67\times10^3 \text{ N}=73.67 \text{ kN}>N=71.15 \text{ kN}$$

满足要求。

> **点评:** 本例也是轴心受压柱,还需注意以下两点:
> ① 施工阶段砂浆尚未硬化的新砌砌体的强度和稳定性,可按砂浆强度为零进行验算;
> ② 注意多个强度设计值调整系数 γ_a 的采用。

【例 3-3】 一矩形截面偏心受压柱,截面尺寸为 370 mm×620 mm,计算高度 $H_0=$ 6 m,采用 MU15 蒸压粉煤灰普通砖和 M5 混合砂浆砌筑,施工质量控制等级为 B 级。承受轴向力设计值 $N=120$ kN,沿长边方向作用的弯矩设计值 $M=15$ kN·m,试验算该偏心受压砖柱的承载力是否满足要求?

【解】 (1)沿截面长边方向按偏心受压验算

偏心距 $\quad e=\dfrac{M}{N}=\dfrac{15\times10^6}{120\times10^3}=125$ mm $<0.6y=0.6\times310=186$ mm

$$\frac{e}{h}=\frac{125}{620}=0.202, \quad \beta=\gamma_\beta\frac{H_0}{h}=1.2\times\frac{6\,000}{620}=11.61$$

查表 3-1 得 $\varphi=0.433$。

柱截面面积 $\quad A=0.37\times0.62=0.229$ m² <0.3 m²

$$\gamma_a=0.7+0.229=0.929$$

查表 2-12 得砌体抗压强度设计值为 1.83 MPa

$$f=0.929\times1.83=1.70 \text{ MPa}$$

$\varphi fA=0.433\times1.70\times0.229\times10^6=168.57\times10^3$ N$=168.57$ kN$>N=120$ kN

满足要求。

(2)沿截面短边方向按轴心受压验算

$$\beta=\gamma_\beta\frac{H_0}{h}=1.2\times\frac{6\,000}{370}=19.46$$

查表 3-1 得 $\varphi_0=0.634$。

因为 $\varphi_0>\varphi$,故轴心受压满足要求。

> **点评:** 本例是偏心受压构件的计算问题,应注意以下概念:
> ① 在进行偏心方向计算时,应注意偏心距的限值($e<0.6y$),超过该值可采取修改构件截面尺寸的方法或采用配筋砌体构件;
> ② 轴心受压方向的验算,当算得 φ_0 大于偏心受压方向 φ 值时,即已表明轴心受压方向承载力大于偏心受压方向承载力。

【例 3-4】 一单排孔混凝土偏心受压砌块柱,截面尺寸为 390 mm×590 mm,计算高度 $H_0=6$ m,采用 MU10 砌块和 Mb7.5 混合砂浆砌筑,砌块孔洞率为 45%,空心部分用 Cb20 混凝土灌实,施工质量控制等级为 B 级。承受轴力设计值 $N=390$ kN,偏心距 $e=89$ mm,试验算该柱长边方向(偏心受压)的承载力是否满足要求。

【解】 (1)灌孔砌块砌体的抗压强度

查表 2-13 得砌体抗压强度设计值为 2.50 MPa;独立柱强度调整系数为 0.7。

未灌实砌体的强度:$f=0.7\times2.50=1.75$ MPa;计算灌孔砌体的抗压强度设计值

已知孔洞率 $\delta=0.45$,灌孔率 $\rho=100\%$,则 $\alpha=\delta\rho=0.45\times1=0.45$

$$f_g=f+0.6\alpha f_c=1.75+0.6\times0.45\times9.6 \text{ MPa}=4.34 \text{ MPa}>2f=2\times1.75=3.50 \text{ MPa}$$

取 $f_g = 3.50$ MPa

（2）沿截面长边方向按偏心受压验算

偏心距 $e = 89$ mm $< 0.6y = 0.6 \times 295 = 177$ mm

$\dfrac{e}{h} = \dfrac{89}{590} = 0.151$，对灌孔混凝土砌块砌体，$\gamma_\beta$ 取 1.0

$$\beta = \gamma_\beta \dfrac{H_0}{h} = 1.0 \times \dfrac{6\,000}{590} = 10.17$$

查表 3-1 得：$\varphi = 0.546$

柱截面面积 $A = 0.39 \times 0.59 = 0.23$ m^2 < 0.3 m^2

$$\gamma_a = 0.7 + 0.23 = 0.93$$

$$f = \gamma_a f_g = 0.93 \times 3.50 = 3.255 \text{ MPa}$$

$\varphi f A = 0.546 \times 3.255 \times 0.23 \times 10^6 = 408.76 \times 10^3$ N $= 408.76$ kN $> N = 390$ kN 满足要求。

点评：本例是灌孔砌块砌体构件偏心受压的计算，应注意以下问题：

①对于独立柱砌块砌体，强度调整系数为 0.7；

②根据 $f_g = f + 0.6\alpha f_c$ 计算灌孔砌体的抗压强度设计值；

③灌孔砌块砌体的抗压强度设计值，不应大于未灌孔砌体抗压强度设计值的 2 倍；

④如果构件截面面积 $A < 0.3$ m^2，计算调整系数 γ_a；砌体强度设计值等于调整系数 γ_a 乘以灌孔后的砌体抗压强度设计值 f_g；

⑤对灌孔混凝土砌块砌体，高厚比修正系数 γ_β 取 1.0；

⑥混凝土砌块砌体的灌孔混凝土要求有较好的流动性，其强度等级不应低于 Cb20，且不应低于块体强度等级的 1.5 倍。

【例 3-5】 如图 3-5 所示带壁柱窗间墙，采用 MU10 烧结多孔砖和 M5 混合砂浆砌筑，施工质量控制等级为 B 级，计算高度 $H_0 = 5.2$ m，试计算当轴向力分别作用于该墙截面重心 O 点及 A 点时的承载力。

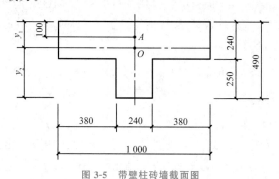

图 3-5 带壁柱砖墙截面图

【解】 （1）截面几何特征值计算

截面面积 $A = 1 \times 0.24 + 0.24 \times 0.25 = 0.3$ m^2

取 $\gamma_a = 1.0$。

截面重心位置 $y_1 = \dfrac{1 \times 0.24 \times 0.12 + 0.24 \times 0.25 \times \left(0.24 + \dfrac{0.25}{2}\right)}{0.3} = 0.169$ m

$$y_2 = 0.49 - 0.169 = 0.321 \text{ m}$$

截面惯性矩

$$I = \frac{1 \times 0.24^3}{12} + 1 \times 0.24 \times (0.169 - 0.12)^2 + \frac{0.24 \times 0.25^3}{12} + 0.24 \times 0.25$$
$$\times (0.321 - 0.125)^2$$
$$= 0.004\ 34\ \text{m}^4$$

截面回转半径 $i = \sqrt{\dfrac{I}{A}} = \sqrt{\dfrac{0.004\ 34}{0.3}} = 0.12\ \text{m}$

T 形截面折算厚度 $h_T = 3.5i = 3.5 \times 0.12 = 0.42\ \text{m}$

(2)轴向力作用于截面重心 O 点时的承载力

$$\beta = \gamma_\beta \frac{H_0}{h_T} = 1.0 \times \frac{5.2}{0.42} = 12.38$$

查表 3-1 得 $\varphi = 0.813$。

查表 2-10 得砌体抗压强度设计值 $f = 1.5\ \text{MPa}$,则承载力为

$\varphi f A = 0.813 \times 1.5 \times 0.3 \times 10^6 = 365.85 \times 10^3\ \text{N} = 365.85\ \text{kN}$

(3)轴向力作用于截面 A 点时的承载力

$$e = y_1 - 0.1 = 0.169 - 0.1 = 0.069\ \text{m} < 0.6y_1 = 0.6 \times 0.169 = 0.101\ \text{m}$$

$$\frac{e}{h_T} = \frac{0.069}{0.42} = 0.164, \quad \beta = 12.38$$

查表 3-1 得 $\varphi = 0.477$。

则承载力为

$\varphi f A = 0.477 \times 1.5 \times 0.3 \times 10^6 = 214.65 \times 10^3\ \text{N} = 214.65\ \text{kN}$

> **点评:**本例是 T 形截面受压构件的计算。可以看出:
> ①截面折算厚度 h_T 的计算,关键是截面几何特征值的计算;
> ②当轴向力偏心距为 69 mm 时,承载力降低 41.33%。

【例 3-6】　厚度为 400 mm 的毛石墙,采用强度等级为 MU20 的毛石和 M5 混合砂浆砌筑,施工质量控制等级为 B 级,计算高度 $H_0 = 4.5$ m,试计算该墙轴心受压时的承载力。

【解】　取 1 m 宽度进行计算

$$\beta = \gamma_\beta \frac{H_0}{h} = 1.5 \times \frac{4.5}{0.4} = 16.9$$

查表 3-1 得 $\varphi = 0.698$。

查表 2-16 得砌体抗压强度设计值 $f = 0.51\ \text{MPa}$,则承载力为

$$\varphi f A = 0.698 \times 0.51 \times 0.4 \times 10^3 = 142.39\ \text{kN/m}$$

> **点评:**毛石墙的稳定性和整体性都不如砖砌体,因此高厚比计算中引入了修正系数 $\gamma_\beta = 1.5$;毛石墙的厚度也不宜小于 350 mm。

3.2　局部受压

当轴向力只作用在砌体的部分截面上时,称为局部受压。如果砌体的局部受压面积 A_l

上受到的压应力是均匀分布的,则称为局部均匀受压;否则,为局部非均匀受压。例如,支承轴心受压柱或墙的砌体基础为局部均匀受压;梁或屋架支承处的砌体一般为局部非均匀受压,如图 3-6 所示。

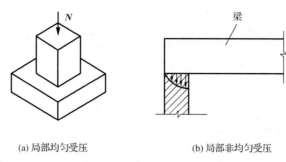

(a) 局部均匀受压   (b) 局部非均匀受压

图 3-6 砌体的局部受压

3.2.1 砌体局部均匀受压

局部受压

1. 砌体局部均匀受压的破坏形态

试验研究结果表明,砌体局部均匀受压大致有三种破坏形态:

(1)由竖向裂缝发展引起的破坏

这种破坏的特点是,当局部压力达到一定数值时,在距加载垫板 1～2 皮砖以下的砌体内首先出现第一批竖向裂缝;随着局部压力的增大,竖向裂缝逐渐向上和向下发展,并出现其他竖向裂缝和斜向裂缝,裂缝数量不断增多。其中部分竖向裂缝延伸并开展形成一条主要裂缝使砌体丧失承载力而破坏,如图 3-7(a)所示。这是砌体局部受压破坏中较常见的破坏形态。

(2)劈裂破坏

当砌体面积与局部受压面积之比很大时,在局部压应力的作用下产生的竖向裂缝少而集中,砌体一旦出现竖向裂缝,就很快成为一条主裂缝而发生劈裂破坏,开裂荷载与破坏荷载很接近,如图 3-7(b)所示。

(3)与垫板直接接触的砌体局部破坏

在实际工程中当墙梁的梁高与跨度之比较大,砌体强度较低时,有可能产生梁支承处附近砌体被压碎的现象,如图 3-7(c)所示。在砌体局部受压试验中,这种破坏极少发生。

砌体局部受压时,直接受压的局部范围内的砌体抗压强度有较大程度的提高,这主要有两方面的原因:一方面是局部受压的砌体在产生纵向变形的同时还产生横向变形,未直接承受压力的周围砌体像套箍一样约束其横向变形,使在一定高度范围内的砌体处于三向或双向受压状态,大大地提高了砌体的局部抗压强度,称为"套箍强化"作用;另一方面是由于砌体搭缝砌筑,局部压应力能够向未直接承受压力的周围砌体迅速扩散,从而使应力很快变小,称为"应力扩散"作用。

砌体的局部受压破坏比较突然,工程中曾经出现过因砌体局部抗压强度不足而发生房屋倒塌的事故,故设计时应予注意。

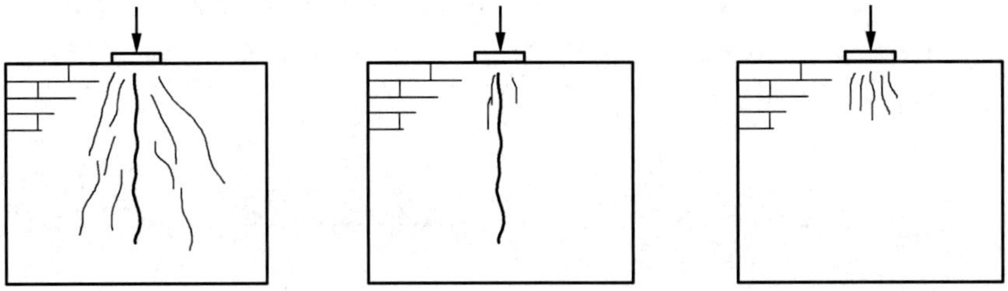

(a) 由竖向裂缝发展引起的破坏　　(b) 劈裂破坏　　(c) 与垫板直接接触的砌体局部破坏

图 3-7　砌体局部均匀受压破坏形态

2. 砌体局部抗压强度提高系数

砌体的抗压强度为 f，其局部抗压强度可取为 γf，γ 称为砌体局部抗压强度提高系数，按下式计算

$$\gamma=1+0.35\sqrt{\frac{A_0}{A_l}-1} \tag{3-16}$$

式中　A_l——局部受压面积；

A_0——影响砌体局部抗压强度的计算面积。

式(3-16)的物理意义：第一项为局部受压面积本身砌体的抗压强度；第二项是非局部受压面积(A_0-A_l)所提供的侧向压力的“套箍强化”作用和“应力扩散”作用的综合影响。

不同的局压位置对局压的承载力有不同的影响，但是按图 3-8 规定的 A_0 取值方法后基本上都得到了反映，为了简化计算，规范一律按式(3-16)计算。为了避免 A_0/A_l 大于某一限值时会在砌体内出现危险的劈裂破坏，《规范》规定对按式(3-16)计算所得的 γ 值，尚应符合下列规定：

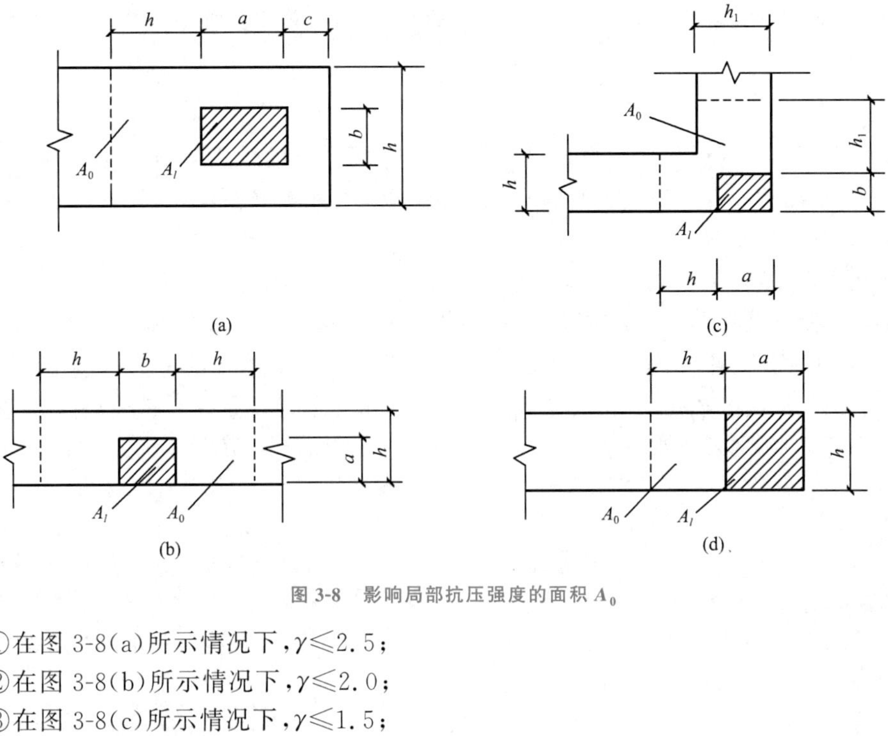

图 3-8　影响局部抗压强度的面积 A_0

①在图 3-8(a)所示情况下，$\gamma\leqslant 2.5$；

②在图 3-8(b)所示情况下，$\gamma\leqslant 2.0$；

③在图 3-8(c)所示情况下，$\gamma\leqslant 1.5$；

④在图 3-8(d)所示情况下,$\gamma \leqslant 1.25$;

⑤按《规范》第 6.2.13 条的要求灌孔的混凝土砌块砌体,在(1)(2)的情况下,尚应符合$\gamma \leqslant 1.5$;未灌孔混凝土砌块砌体,$\gamma = 1.0$;

⑥对多孔砖砌体孔洞难以灌实时,应按 $\gamma = 1.0$ 取用;

当设置混凝土垫块时,按垫块下的砌体局部受压计算。

注:《规范》第 6.2.13 条规定,混凝土砌块墙体的下列部位,如未设圈梁或混凝土垫块,应采用不低于 Cb20 混凝土将孔洞灌实:

(1)搁栅、檩条和钢筋混凝土楼板的支承面下,高度不应小于 200 mm 的砌体;

(2)屋架、梁等构件的支承面下,长度不应小于 600 mm,高度不应小于 600 mm 的砌体;

(3)挑梁支承面下,距墙中心线每边不应小于 300 mm,高度不应小于 600 mm 的砌体。

影响砌体局部抗压强度的计算面积,可按下列规定采用:

①在图 3-8(a)所示情况下,$A_0 = (a+c+h)h$

②在图 3-8(b)所示情况下,$A_0 = (b+2h)h$

③在图 3-8(c)所示情况下,$A_0 = (a+h)h + (b+h_1-h)h_1$

④在图 3-8(d)所示情况下,$A_0 = (a+h)h$

式中 a、b——矩形局部受压面积 A_l 的边长;

h、h_1——墙厚或柱的较小的边长,墙厚;

c——矩形局部受压面积的外边缘至构件边缘的较小距离,当大于 h 时,应取为 h。

3. 局部均匀受压承载力计算

砌体截面中受局部均匀压力时的承载力计算公式为

$$N_l \leqslant \gamma f A_l \tag{3-17}$$

式中 N_l——局部受压面积上的轴向力设计值;

γ——砌体局部抗压强度提高系数;

f——砌体的抗压强度设计值,局部受压面积小于 0.3 m^2 时,可不考虑强度调整系数 γ_a 的影响;

A_l——局部受压面积。

3.2.2 梁端支承处砌体局部受压

1. 梁端有效支承长度

当梁端支承在砌体上时,由于梁的挠曲变形和支承处砌体的压缩变形,使梁的末端有脱开砌体的趋势,如图 3-9 所示,因而梁端有效支承长度 a_0 并不一定都等于实际支承长度 a,梁端砌体局部受压面积 A_l 由 a_0 与梁宽 b 相乘而得,所以,a_0 的取值直接影响砌体局部受压承载力。它主要取决于梁的刚度、砌体强度、局部受压荷载的大小等。从图 3-9 还可看出梁下砌体的局部压应力也非均匀分布。

经试验分析,为了便于工程应用,《规范》给出梁端有

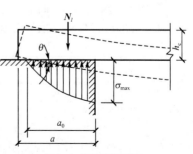

图 3-9 梁端局部受压

效支承长度的计算公式为

$$a_0 = 10 \sqrt{\frac{h_c}{f}} \tag{3-18}$$

式中 a_0——梁端有效支承长度,mm,当 a_0 大于 a 时,应取 a_0 等于 a;

h_c——梁的截面高度,mm;

f——砌体的抗压强度设计值,N/mm^2。

2. 上部荷载对局部抗压的影响

多层砌体房屋作用在梁端砌体上的轴向压力除了有梁端支承压力 N_l 外,还有由上部荷载产生的轴向力 N_0,如图 3-10(a)所示。设上部砌体内作用的平均压应力为 σ_0,如果梁与墙上下界面紧密接触,则梁端底部承受的上部荷载传来的压力 $N_0 = \sigma_0 A_l$。

如果上部荷载在梁端上部砌体中产生的平均压应力 σ_0 较小,即上部砌体产生的压缩变形较小;而此时,若 N_l 较大,梁端底部的砌体将产生较大的压缩变形,由此使梁端顶面与砌体逐渐脱开产生水平缝隙,原作用于这部分砌体的上部荷载逐渐通过砌体内形成的卸载(内)拱卸至两边砌体向下传递,如图 3-10(b)所示,从而减小了梁端直接传递的压力,这种内力重分布现象对砌体的局部受压是有利的,将这种工作机理称为砌体的内拱作用。但如果 σ_0 较大,梁端上部砌体产生的压缩变形较大,梁端顶面不再与砌体脱开,上部砌体形成的卸载(内)拱作用将消失。

内拱的卸载作用还与 $\frac{A_0}{A_l}$ 的大小有关,试验表明,当 $\frac{A_0}{A_l} > 2$ 时,内拱的卸载作用很明显,可忽略不计上部荷载对砌体局部抗压强度的影响。偏于安全,《规范》规定当 $\frac{A_0}{A_l} \geqslant 3$ 时,不考虑上部荷载的影响。

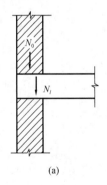
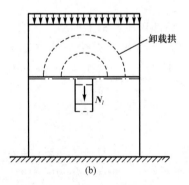

图 3-10 上部荷载对局部抗压强度的影响

3. 梁端支承处砌体局部受压承载力计算

根据试验结果,梁端支承处砌体的局部受压承载力应按下列公式计算

$$\psi N_0 + N_l \leqslant \eta \gamma f A_l \tag{3-19}$$

$$\psi = 1.5 - 0.5 \frac{A_0}{A_l} \tag{3-20}$$

$$N_0 = \sigma_0 A_l \tag{3-21}$$

$$A_l = a_0 b \tag{3-22}$$

式中 ψ——上部荷载的折减系数,当 $A_0/A_l \geqslant 3$ 时,应取 ψ 等于 0;

N_0——局部受压面积内上部轴向力设计值,N;

N_l——梁端支承压力设计值，N；

σ_0——上部平均压应力设计值，N/mm^2；

η——梁端底面压应力图形的完整系数，可取 0.7，对于过梁和墙梁可取 1.0；

a_0——梁端有效支承长度，按式(3-18)计算；

b——梁的截面宽度，mm；

f——砌体的抗压强度设计值，N/mm^2。

3.2.3 梁下设有刚性垫块的砌体局部受压

当梁端局部受压承载力不满足要求时，通常采用在梁端下设置预制或现浇混凝土垫块，使局部受压面积增大，是较有效的方法之一。当垫块的高度 $t_b \geqslant 180$ mm，且垫块自梁边缘起挑出的长度不大于垫块的高度时，称为刚性垫块。刚性垫块不但可以增大局部受压面积，还可以使梁端压力能较好地传至砌体表面。试验表明，垫块底面积以外的砌体对局部受压范围内的砌体有约束作用，使垫块下的砌体抗压强度提高，但考虑到垫块底面压应力分布不均匀，偏于安全，取垫块外砌体面积的有利影响系数 $\gamma_1 = 0.8\gamma$（γ 为砌体的局部抗压强度提高系数）。同时，垫块下的砌体处于偏心受压状态，故刚性垫块下砌体的局部受压可采用砌体偏心受压的公式计算。

在梁端设有预制或现浇刚性垫块的砌体局部受压承载力按下列公式计算

$$N_0 + N_l \leqslant \varphi \gamma_1 f A_b \tag{3-23}$$

$$N_0 = \sigma_0 A_b \tag{3-24}$$

$$A_b = a_b b_b \tag{3-25}$$

式中 N_0——垫块面积 A_b 内上部轴向力设计值；

φ——垫块上 N_0 及 N_l 合力的影响系数，应采用表 3-1～表 3-3 中当 $\beta \leqslant 3$ 时的 φ 值；

γ_1——垫块外砌体面积的有利影响系数，γ_1 应为 0.8γ，但不小于 1.0[γ 为砌体局部抗压强度提高系数，按式(3-16)以 A_b 代替 A_l 计算得出]；

A_b——垫块面积；

a_b——垫块伸入墙内的长度；

b_b——垫块的宽度。

刚性垫块的构造应符合下列规定：

①刚性垫块的高度不应小于 180 mm，自梁边算起的垫块挑出长度不应大于垫块高度 t_b。

②在带壁柱墙的壁柱内设刚性垫块时，如图 3-11 所示，其计算面积应取壁柱范围内的面积，而不应计算翼缘部分，同时壁柱上垫块伸入翼墙内的长度不应小于 120 mm。

③当现浇垫块与梁端整体浇筑时，垫块可在梁高范围内设置，如图 3-12 所示。

梁端设有刚性垫块时，梁端有效支承长度 a_0 应按下式确定

$$a_0 = \delta_1 \sqrt{\frac{h_c}{f}} \tag{3-26}$$

式中 δ_1——刚性垫块的影响系数，可按表 3-5 采用；

h_c——梁的截面高度，mm。

垫块上 N_l 作用点的位置可取 $0.4a_0$ 处。

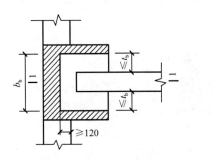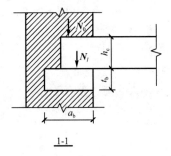

图 3-11　壁柱上设有垫块时梁端局部受压

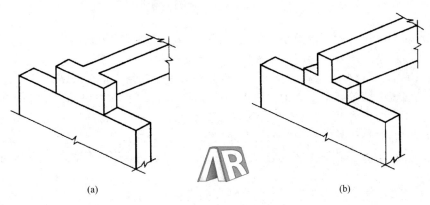

(a)　　　　　　　　　　　　(b)

图 3-12　与梁端现浇成整体的刚性垫块

表 3-5　　　　　　　　　　　　系数 δ_1 值表

σ_0/f	0	0.2	0.4	0.6	0.8
δ_1	5.4	5.7	6.0	6.9	7.8

注:表中其间的数值可采用插入法求得。

3.2.4　梁下设有长度大于 πh_0 的钢筋混凝土垫梁

在实际工程中,常在梁或屋架端部下面的砌体墙上设置连续的钢筋混凝土梁,如圈梁等。此钢筋混凝土梁可把承受的局部集中荷载扩散到一定范围的砌体墙上起到垫块的作用,故称为垫梁,如图 3-13 所示。由于垫梁是柔性的,在分析垫梁下砌体的局部受压时,可将垫梁看作为承受集中荷载的"弹性地基"上的无限长梁,"弹性地基"的宽度即为墙厚 h。按照弹性力学的平面应力问题求解,可得到梁下最大压应力为

$$\sigma_{y\max} = 0.306 \frac{N_l}{b_b} \sqrt[3]{\frac{Eh}{E_c I_c}} \tag{3-27}$$

根据试验分析,当垫梁长度大于 πh_0 时,在局部集中荷载作用下,垫梁下砌体受到的竖向压应力在长度 πh_0 范围内分布取为三角形,则由静力平衡条件可得

$$N_l = \frac{1}{2} \pi h_0 b_b \sigma_{y\max} \tag{3-28}$$

将式(3-28)代入式(3-27),则得到垫梁的折算高度 h_0 为

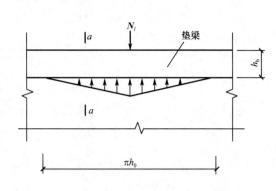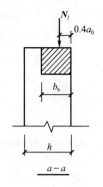

图 3-13 垫梁局部受压

$$h_0 = 2.08\sqrt[3]{\frac{E_c I_c}{Eh}} \approx 2\sqrt[3]{\frac{E_c I_c}{Eh}} \qquad (3-29)$$

由于垫梁下应力不均匀,最大应力发生在局部范围内,根据试验,当为钢筋混凝土垫梁时,最大压应力 σ_{ymax} 与砌体抗压强度 f 之比为 $1.5\sim1.6$,当梁出现裂缝时,刚度降低,应力更为集中。规范建议按下式验算

$$\sigma_{ymax} \leqslant 1.5f \qquad (3-30)$$

考虑垫梁 $\frac{\pi b_b h_0}{2}$ 范围内上部荷载设计值产生的轴力 N_0,则有

$$N_0 + N_l \leqslant \frac{\pi b_b h_0}{2} \times 1.5f = 2.356 b_b h_0 f \approx 2.4 b_b h_0 f \qquad (3-31)$$

规范考虑荷载沿墙方向分布不均的影响后,规定梁下设有长度大于 πh_0 的垫梁时,垫梁下的砌体局部受压承载力应按下列公式计算

$$N_0 + N_l \leqslant 2.4 \delta_2 f b_b h_0 \qquad (3-32)$$

$$N_0 = \frac{\pi b_b h_0 \sigma_0}{2} \qquad (3-33)$$

$$h_0 = 2\sqrt[3]{\frac{E_c I_c}{Eh}} \qquad (3-34)$$

式中 N_0——垫梁上部轴向力设计值,N;

b_b——垫梁在墙厚方向的宽度,mm;

δ_2——垫梁底面压应力分布系数,当荷载沿墙厚方向均匀分布时可取 1.0,不均匀分布时可取 0.8;

h_0——垫梁折算高度,mm;

E_c、I_c——垫梁的混凝土弹性模量和截面惯性矩;

E——砌体的弹性模量;

h——墙厚,mm。

【例 3-7】 某房屋的基础采用 MU15 混凝土普通砖和 Mb7.5 水泥砂浆砌筑,其上支承截面尺寸为 250 mm×250 mm 的钢筋混凝土柱,如图 3-14 所示,柱作用于基础顶面中心处的轴向力设计值 $N_l = 215$ kN。试验算柱下

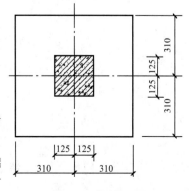

图 3-14 基础平面图

砌体的局部受压承载力是否满足要求。

【解】 (1)查表 2-11 得砌体抗压强度设计值 $f=2.07$ MPa

砌体的局部受压面积

$$A_l=0.25\times0.25=0.062\ 5\ \text{m}^2$$

影响砌体抗压强度的计算面积

$$A_0=0.62\times0.62=0.384\ 4\text{m}^2$$

(2)砌体局部抗压强度提高系数

$$\gamma=1+0.35\sqrt{\frac{A_0}{A_l}-1}=1+0.35\times\sqrt{\frac{0.384\ 4}{0.062\ 5}-1}=1.79<2.5$$

(3)砌体局部受压承载力

$$\gamma fA_l=1.79\times2.07\times0.062\ 5\times10^6=231.58\times10^3\ \text{N}=231.58\ \text{kN}>N_l=215\ \text{kN}$$

满足要求。

点评:本例是砌体基础为局部均匀受压,需注意砌体局部抗压强度提高系数 γ 的限值;局部受压面积小于 $0.3\ \text{m}^2$,可不考虑强度调整系数 γ_a 的影响。

【例 3-8】 某房屋窗间墙上梁的支承情况如图 3-15 所示。梁的截面尺寸为 $b\times h=200$ mm×550 mm,在墙上的支承长度 $a=240$ mm。窗间墙截面尺寸为 1 200 mm×370 mm,采用 MU10 烧结普通砖和 M2.5 混合砂浆砌筑,梁端支承压力设计值 $N_l=80$ kN,梁底墙体截面处的上部荷载轴向力设计值为 165 kN。试验算梁端支承处砌体的局部受压承载力。

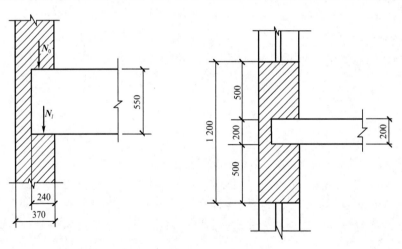

图 3-15 窗间墙上梁的支承情况

【解】 (1)查表 2-10 得砌体抗压强度设计值 $f=1.30$ MPa,梁端底面压应力图形的完整系数 $\eta=0.7$。

(2)梁端有效支承长度

$$a_0=10\sqrt{\frac{h_c}{f}}=10\times\sqrt{\frac{550}{1.30}}=205.7\ \text{mm}<a=240\ \text{mm}$$

取 $a_0=205.7$ mm。

(3)局部受压面积、影响砌体局部抗压强度的计算面积

$$A_l=a_0b=205.7\times200=41\ 140\ \text{mm}^2$$

$$A_0 = (b+2h)h = (200+2\times370)\times370 = 347\ 800\ \text{mm}^2$$

(4)影响砌体局部抗压强度提高系数

$$\frac{A_0}{A_l} = \frac{347\ 800}{41\ 140} = 8.45 > 3.0$$

故不考虑上部荷载的影响,取 $\psi = 0$。

$$\gamma = 1 + 0.35\sqrt{\frac{A_0}{A_l}-1} = 1 + 0.35\times\sqrt{\frac{347\ 800}{41\ 140}-1} = 1.96 < 2.0$$

(5)局部受压承载力验算

$$\eta\gamma f A_l = 0.7\times1.96\times1.30\times41\ 140 = 73\ 377\ \text{N} = 73.38\ \text{kN} < N_1 = 80\ \text{kN}$$

不满足要求。

> **点评**:梁端下砌体局部受压是典型的非均匀局部受压。对有效支承长度 a_0、A_0/A_l 的计算至为关键。当 $A_0/A_l \geqslant 3$ 时,可不考虑上部墙体荷载对梁端下砌体局部受压的影响;而当 $A_0/A_l < 3$ 时,则应求出上部荷载折减系数 ψ。本例题梁端局部受压承载力不满足要求,可采用在梁端下设置预制或现浇混凝土垫块。

【**例 3-9**】 条件同上题,如设置刚性垫块,试选择垫块的尺寸,并进行验算。

【**解**】 (1)选择垫块的尺寸

取垫块高度 $t_b = 180\ \text{mm}$,垫块的宽度 $a_b = 240\ \text{mm}$,长度 $b_b = 500\ \text{mm}$,则垫梁自梁边两侧各挑出 $(500-200)\div2 = 150\ \text{mm} < t_b = 180\ \text{mm}$,符合刚性垫块的要求,如图 3-16 所示。

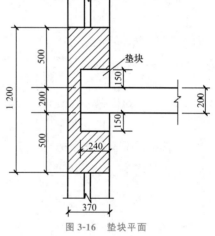

图 3-16　垫块平面

$$A_l = A_b = a_b\times b_b = 240\times500 = 120\ 000\ \text{mm}^2$$

因为 $500+2\times370 = 1\ 240\ \text{mm} > 1\ 200\ \text{mm}$,故垫块外取 350 mm。

$$A_0 = (500+2\times350)\times370 = 444\ 000\ \text{mm}^2$$

(2)影响砌体局部抗压强度提高系数

$$\gamma = 1 + 0.35\sqrt{\frac{A_0}{A_l}-1} = 1 + 0.35\sqrt{\frac{444\ 000}{120\ 000}-1} = 1.58 < 2.0$$

$$\gamma_1 = 0.8\gamma = 0.8\times1.58 = 1.26 > 1$$

(3)求影响系数

上部荷载产生的平均压应力为

$$\sigma_0 = \frac{165\ 000}{370\times1\ 200} = 0.37\ \text{N/mm}^2, \quad \frac{\sigma_0}{f} = \frac{0.37}{1.3} = 0.28$$

查表 3-5 得 $\delta_1 = 5.82$。

梁端有效支承长度为

$$a_0 = \delta_1\sqrt{\frac{h_c}{f}} = 5.82\sqrt{\frac{550}{1.30}} = 119.71\ \text{mm}$$

N_l 合力点至墙边的位置为

$$0.4a_0 = 0.4\times119.71 = 47.88\ \text{mm}$$

N_l 对垫块中心的偏心距为

$$e_l = 120 - 47.88 = 72.12 \text{ mm}$$

垫块面积 A_b 内上部轴向力设计值

$$N_0 = \sigma_0 A_b = 0.37 \times 120\,000 = 44\,400 \text{ N} = 44.4 \text{ kN}$$

作用在垫块上的总轴向力

$$N = N_0 + N_l = 44.4 + 80 = 124.4 \text{ kN}$$

轴向力对垫块重心的偏心距

$$e = \frac{N_l e_l}{N_0 + N_l} = \frac{80 \times 72.12}{124.4} = 46.38 \text{ mm}, \quad \frac{e}{a_b} = \frac{46.38}{240} = 0.193$$

查表 3-2($\beta \leq 3$)得 $\varphi = 0.694$。

(4)局部受压承载力验算

$$\varphi \gamma_1 f A_b = 0.694 \times 1.26 \times 1.30 \times 120\,000 = 136.4 \times 10^3 \text{ N} = 136.4 \text{ kN} > N_0 + N_l = 124.4 \text{ kN}$$

满足要求。

点评:本例中仅进行了梁端下砌体的局部受压验算。该窗间墙系承重墙,尚需进行墙体的受压承载力计算。如不满足要求,可增设附壁柱,使墙体成为 T 形截面。

【例 3-10】 某窗间墙截面尺寸为 1000 mm × 190 mm,采用混凝土小型空心砌块 MU10、水泥混合砂浆 Mb5 砌筑,施工质量控制等级为 B 级。墙上支承截面尺寸为 $b \times h = 200 \text{ mm} \times 400 \text{ mm}$ 的钢筋混凝土梁,梁端支承压力设计值 $N_l = 60 \text{ kN}$,梁底墙体截面处的上部荷载轴向力设计值为 90 kN,试验算梁端不同灌实条件下砌块砌体的局部受压承载力。

【解】 1. 砌块砌体未灌孔

(1)查表 2-13 得砌体抗压强度设计值 $f = 2.22 \text{ MPa}$;

梁端底面压应力图形的完整系数 $\eta = 0.7$。

(2)梁端有效支承长度

$$a_0 = 10 \times \sqrt{\frac{h_c}{f}} = 10 \times \sqrt{\frac{400}{2.22}} = 134 \text{ mm} < a = 190 \text{ mm},\text{取 } a_0 = 134 \text{ mm}$$

(3)局部受压面积、影响砌体局部抗压强度的计算面积

$$A_l = a_0 b = 134 \times 200 = 26\,800 \text{ mm}^2$$

$$A_0 = (b + 2h)h = (200 + 2 \times 190) \times 190 = 110\,200 \text{ mm}^2$$

(4)影响砌体局部抗压强度提高系数

$$\frac{A_0}{A_l} = \frac{110\,200}{26\,800} = 4.11 > 3.0,\text{故不考虑上部荷载的影响,取 } \varphi = 0$$

对于未灌孔混凝土砌块砌体,取 $\gamma = 1.0$

$$\eta \gamma f A_l = 0.7 \times 1.0 \times 2.22 \times 26\,800 = 41.65 \times 10^3 \text{ N} = 41.65 \text{ kN} < N_l = 60 \text{ kN}$$

不满足要求。

2. 梁支承面下三皮砌块高度和二块长度的砌体用 Cb20 混凝土将孔洞灌实

(1)影响砌体局部抗压强度提高系数

$$\gamma = 1 + 0.35 \sqrt{\frac{A_0}{A} - 1} = 1 + 0.35 \times \sqrt{\frac{110\,200}{26\,800} - 1} = 1.62 > 1.5,\text{取 } \gamma = 1.5$$

(5)局部受压承载力验算

$$\eta\gamma f A_l = 0.7 \times 1.5 \times 2.22 \times 26\ 800 = 62.47 \times 10^3\ \text{N} = 62.47\ \text{kN} < N_l = 60\ \text{kN}$$

满足要求。

3.该窗间墙为灌孔砌体,砌块的孔洞率为 46%,灌孔率为 100%,混凝土的 $f_c = 9.6\ \text{MPa}$

(1)灌孔砌块砌体的抗压强度

$$\alpha = \delta\rho = 0.46 \times 1 = 0.46$$

$$f_g = f + 0.6\alpha f_c = 2.22 + 0.6 \times 0.46 \times 9.6\ \text{MPa} = 4.87\ \text{MPa} > 2f = 2 \times 2.22 = 4.44\ \text{MPa}$$

取 $f_g = 4.44\ \text{MPa}$

(2)梁端有效支承长度

$$a_0 = 10 \times \sqrt{\frac{h_c}{f}} = 10 \times \sqrt{\frac{400}{4.44}} = 95\ \text{mm} < a = 190\ \text{mm},\ \text{取}\ a_0 = 95\ \text{mm}$$

(3)局部受压面积

$$A_l = a_0 b = 95 \times 200 = 19\ 000\ \text{mm}^2$$

(4)影响砌体局部抗压强度提高系数

$$\frac{A_0}{A_l} = \frac{110\ 200}{19\ 000} = 5.8 > 3.0,\ \text{故不考虑上部荷载的影响,取}\ \varphi = 0$$

$$\gamma = 1 + 0.35\sqrt{\frac{A_0}{A_l} - 1} = 1 + 0.35 \times \sqrt{\frac{110\ 200}{19\ 000} - 1} = 1.77 > 1.5,\ \text{取}\ \gamma = 1.5$$

$$\eta\gamma f_g A_l = 0.75 \times 1.5 \times 4.44 \times 19\ 000 = 94.905 \times 10^3\ \text{N} = 94.905\ \text{kN} > N_l = 60\ \text{kN}$$

满足要求。

> 点评:①对于独立柱砌块砌体,强度调整系数为 0.7。
> ②梁支承面下三皮砌块高度和二块长度的砌体用 Cb20 混凝土将孔洞灌实,已达到《规范》6.2.13 条第 2 款规定将孔洞灌实长度不应小于 600 mm 和高度不应小于 600 mm 的规定,可以考虑局部抗压强度的提高。
> ③混凝土砌块灌孔砌体局部抗压强度提高系数 $\gamma \leqslant 1.5$。

【例 3-11】 如图 3-17 所示,窗间墙截面尺寸为 1 600 mm×370 mm,采用 MU15 蒸压粉煤灰砖和 M5 混合砂浆砌筑,承受截面为 $b \times h = 200\ \text{mm} \times 500\ \text{mm}$ 的钢筋混凝土梁,梁端的支承压力设计值 $N_l = 160\ \text{kN}$,支承长度 $a = 240\ \text{mm}$。上层传来的轴向力设计值为 250 kN,梁端下部设置钢筋混凝土垫梁,其截面尺寸为 240 mm×240 mm,长 1 600 mm,混凝土为 C20,$E_c = 2.55 \times 10^4\ \text{N/mm}^2$。试验算局部受压承载力。

【解】 (1)查表 2-12 得砌体抗压强度设计值 $f = 1.83\ \text{MPa}$;

查表 2-4 得砌体的弹性模量

$$E = 1\ 060f = 1\ 060 \times 1.83 = 1\ 940\ \text{N/mm}^2$$

(2)应用式(3-34)得垫梁折算高度

$$h_0 = 2\sqrt[3]{\frac{E_c I_c}{Eh}} = 2 \times \sqrt[3]{\frac{2.55 \times 10^4 \times \frac{1}{12} \times 240 \times 240^3}{1\ 940 \times 370}} = 428\ \text{mm}$$

$$\pi h_0 = 3.14 \times 428 = 1\ 344\ \text{mm} < 1\ 600\ \text{mm(梁长)}$$

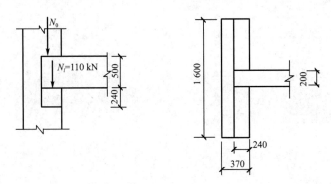

图 3-17 垫梁局部受压

(3)上部平均压应力设计值

$$\sigma_0 = \frac{250\,000}{1\,600 \times 370} = 0.422 \text{ N/mm}^2$$

(4)应用式(3-33)求垫梁上部轴向力设计值

$$N_0 = \frac{\pi b_b h_0 \sigma_0}{2} = \frac{3.14 \times 240 \times 428 \times 0.422}{2} = 68\,056 \text{ N} \approx 68.06 \text{ kN}$$

(5)因荷载沿墙厚方向分布不均匀,取 $\delta_2 = 0.8$,应用式(3-32)得局部受压承载力为

$$2.4\delta_2 f b_b h_0 = 2.4 \times 0.8 \times 1.83 \times 240 \times 428 = 360\,917 \text{ N} \approx 360.92 \text{ kN}$$

(6)$N_0 + N_l = 68.06 + 160 = 228.06 \text{ kN} < 360.92 \text{ kN}$

满足要求。

点评:垫梁的长度必须满足不小于 πh_0 的要求,否则不能按垫梁计算。梁应搁置在垫梁顶面。

3.3 轴心受拉、受弯和受剪构件

3.3.1 轴心受拉构件

砌体的抗拉强度很低,故实际工程中很少采用砌体轴心受拉构件。对容积较小的圆形水池或筒仓,在液体或松散材料的侧压力作用下,池壁或筒壁内只产生环向拉力时,可采用砌体结构,如图 3-18 所示。

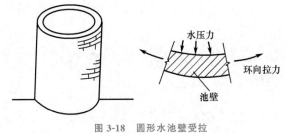

图 3-18 圆形水池壁受拉

砌体轴心受拉构件的承载力应按下式计算

$$N_t \leqslant f_t A \tag{3-35}$$

式中　N_t——轴心拉力设计值；

　　　f_t——砌体的轴心抗拉强度设计值，应按表 2-17 采用；

　　　A——砌体截面面积。

3.3.2　受弯构件

砖砌平拱过梁及挡土墙均属于受弯构件，在弯矩作用下砌体可能沿齿缝截面[图 3-19(a)、(b)]或沿通缝截面[图 3-19(c)]因弯曲受拉而破坏，应进行受弯承载力计算。此外，在支座处有时还存在较大的剪力，还应进行相应的受剪承载力计算。

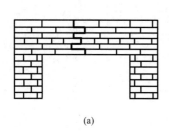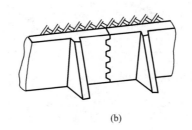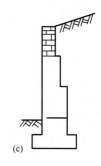

(a)　　　　　(b)　　　　(c)

图 3-19　受弯构件

1. 受弯承载力计算

受弯构件的受弯承载力应按下式计算

$$M \leqslant f_{tm} W \tag{3-36}$$

式中　M——弯矩设计值；

　　　f_{tm}——砌体弯曲抗拉强度设计值，应按表 2-17 采用；

　　　W——截面抵抗矩，矩形截面的宽度为 b、高度为 h 时，$W = \dfrac{1}{6}bh^2$。

2. 受剪承载力计算

受弯构件的受剪承载力应按下式计算

$$V \leqslant f_v bz \tag{3-37}$$

式中　V——剪力设计值；

　　　f_v——砌体的抗剪强度设计值，应按表 2-17 采用；

　　　z——内力臂，$z = \dfrac{I}{S}$，当截面为矩形时取 $z = \dfrac{2h}{3}$；

　　　b、h——截面的宽度和高度；

　　　I——截面惯性矩；

　　　S——截面面积矩。

3.3.3　受剪构件

砌体结构中单纯受剪的情况很少,通常是剪压复合受力状态,即砌体在受剪的同时还承受竖向压力。在无拉杆的拱支座处,由于拱的水平推力将使支座砌体受剪。

无筋砌体在剪压复合受力状态下,可能发生沿水平通缝截面或沿阶梯形截面的受剪破坏,如图 3-20 所示,其受剪承载力与砌体的抗剪强度 f_v 和竖向荷载在截面上产生的正压应力 σ_0 的大小有关。试验结果表明,正压应力 σ_0 增大,内摩阻力也增大,但摩擦系数并非一个定值,而是随着 σ_0 的增大而逐渐减小。因此《规范》采用了变摩擦系数的计算公式。

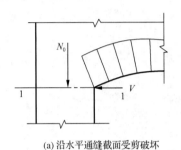
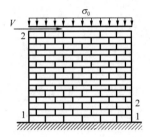

(a) 沿水平通缝截面受剪破坏　　　(b) 沿阶梯形截面受剪破坏

图 3-20　受剪构件

沿通缝或沿阶梯形截面破坏时,受剪构件的承载力应按下列公式计算,即

$$V \leqslant (f_v + \alpha\mu\sigma_0)A \tag{3-38}$$

当永久荷载分项系数 $\gamma_G = 1.3$ 时

$$\mu = 0.26 - 0.082\frac{\sigma_0}{f} \tag{3-39}$$

式中　V——截面剪力设计值;

A——水平截面面积,当有孔洞时,取净截面面积;

f_v——砌体抗剪强度设计值,按表 2-17 采用,对灌孔的混凝土砌块砌体取 f_{vg};

α——修正系数,当永久荷载分项系数 $\gamma_G = 1.2$ 时,砖(含多孔砖)砌体取 0.60,混凝土砌块砌体取 0.64;

μ——剪压复合受力影响系数;

σ_0——永久荷载设计值产生的水平截面平均压应力,其值不应大于 $0.8f$;

f——砌体的抗压强度设计值。

【例 3-12】　一圆形砖砌水池,采用 MU15 混凝土普通砖和 Mb7.5 水泥砂浆砌筑,水池壁厚 370 mm,施工质量控制等级为 B 级,池壁承受 55 kN/m 的环向拉力设计值。试验算池壁的受拉承载力。

【解】　查表 2-17,$f_t = 0.16$ MPa。

取 1 m 宽构件进行计算

$$A = 1\,000 \times 370 = 370\,000 \text{ mm}^2$$

$$f_t A = 0.16 \times 370\,000 = 59\,200 \text{ N} = 59.2 \text{ kN} > N_t = 55 \text{ kN}$$

满足要求。

【例 3-13】 一矩形浅水池,如图 3-21 所示,池壁高 $H=1.45$ m,壁厚 $h=490$ mm,采用 MU10 烧结普通砖和 M10 混合砂浆砌筑,施工质量控制等级为 B 级。如不考虑池壁自重所产生的不大的垂直应力,试验算池壁的承载力。

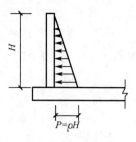

图 3-21 例 3-13 简图

【解】 (1)内力计算

因属于浅池,故可沿池壁竖向切取单位宽度的池壁,即 $b=1$ m,按上端自由、下端固定的悬臂构件承受三角形水压力计算内力(取水的重力密度 $\rho=10$ kN/m³,荷载分项系数取 $\gamma_G=1.3$)

$$M=\gamma_G \times \frac{1}{6}\rho H^3=1.3 \times \frac{1}{6} \times 10 \times 1.45^3=6.61 \text{ kN} \cdot \text{m}$$

$$V=\gamma_G \times \frac{1}{2}\rho H^2=1.3 \times \frac{1}{2} \times 10 \times 1.45^2=13.67 \text{ kN}$$

(2)受弯承载力

$$W=\frac{1}{6}bh^2=\frac{1}{6} \times 1\,000 \times 490^2=4 \times 10^7 \text{ mm}^3$$

查表 2-17 得 $f_{tm}=0.17$ MPa,则

$$f_{tm}W=0.17 \times 4 \times 10^7=6.8 \times 10^6 \text{ N} \cdot \text{mm}=6.8 \text{ kN} \cdot \text{m}>M=6.61 \text{ kN} \cdot \text{m}$$

受弯承载力满足要求。

(3)受剪承载力

$$z=\frac{2}{3}h=\frac{2}{3} \times 490=327 \text{ mm}$$

查表 2-17 得 $f_v=0.17$ MPa,则

$$f_v bz=0.17 \times 1\,000 \times 327=55\,590 \text{ N}=55.59 \text{ kN}>V=13.67 \text{ kN}$$

受剪承载力满足要求。

【例 3-14】 如图 3-20(a)所示拱支座截面,受剪截面面积为 370 mm×490 mm,采用 MU15 混凝土多孔砖和 Mb5 混合砂浆砌筑,施工质量控制等级为 B 级,拱支座处水平推力设计值为 21.8 kN,作用在受剪截面面积上由永久荷载设计值产生的竖向压力为 35 kN。试验算拱支座截面的受剪承载力。

【解】 $A=370 \times 490=181\,300 \text{ mm}^2=0.181\,3 \text{ m}^2<0.3 \text{ m}^2$

砌体强度设计值应乘以调整系数 γ_a

$$\gamma_a=0.7+0.181\,3=0.881\,3$$

查表 2-11 得砌体抗压强度设计值 1.83 MPa,$f=0.881\,3 \times 1.83=1.613$ MPa

查表 2-17 得砌体抗剪强度设计值 0.11 MPa,$f_v=0.881\,3 \times 0.11=0.097$ MPa

由永久荷载设计值产生的水平截面平均压应力 σ_0 为

$$\sigma_0=\frac{35 \times 10^3}{181\,300}=0.193 \text{ N/mm}^2 \qquad \frac{\sigma_0}{f}=\frac{0.193}{1.613}=0.12<0.8$$

$\gamma_G=1.3$ 时

则 $\mu=0.26-0.082\dfrac{\sigma_0}{f}=0.26-0.082 \times 0.12=0.250$,$\alpha=0.60$

$$(f_v+\alpha\mu\sigma_0)A=(0.097+0.6 \times 0.250 \times 0.193) \times 181\,300=22.83 \times 10^3 \text{ N}$$
$$=22.83 \text{ kN}>21.8 \text{ kN}$$

受剪承载力满足要求。

【例 3-15】 某砖拱楼盖用 MU15 蒸压灰砂普通砖、M7.5 水泥砂浆砌筑,砖墙厚 370 mm,如图 3-22 所示。拱支座处沿墙长水平推力设计值为 56 kN/m,作用在受剪截面上由永久荷载设计值产生的竖向压力为 60 kN/m。施工质量控制等级为 B 级,试验算拱支座截面的受剪承载力。

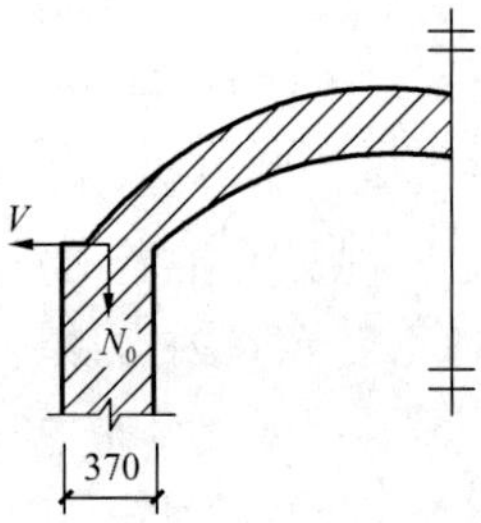

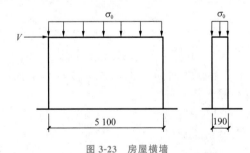

图 3-22 砖拱楼盖

【解】 查表 2-12,$f=2.07$ MPa,查表 2-17,$f_v=0.10$ MPa

沿纵向取 1 m 宽的拱进行计算

$$A=1\,000\times 370=370\,000 \text{ mm}^2$$

由永久荷载设计值产生的水平截面平均压应力 σ_0 为

$$\sigma_0=\frac{60\times 10^3}{370\,000}=0.162 \text{ N/mm}^2 \qquad \frac{\sigma_0}{f}=\frac{0.162}{2.07}=0.078<0.8$$

$\gamma_G=1.3$ 时

则 $\mu=0.26-0.082\dfrac{\sigma_0}{f}=0.26-0.082\times 0.078=0.254,\alpha=0.60$

$$(f_v+\alpha\mu\sigma_0)A=(0.10+0.60\times 0.254\times 0.162)\times 370\,000=46.13\times 10^3 \text{ N}$$
$$=46.13 \text{ kN}<56 \text{ kN}$$

受剪承载力不满足要求。

【例 3-16】 某房屋中的横墙如图 3-23 所示,截面尺寸为 5 100 mm×190 mm,采用 MU10 混凝土小型空心砌块和 Mb5 水泥混合砂浆砌筑,施工质量控制等级为 B 级。由永久荷载标准值作用于墙顶水平截面上的平均压应力为 0.92 N/mm²,作用于墙顶的水平剪力设计值为 291 kN。试验算该墙的受剪承载力。

图 3-23 房屋横墙

【解】 查表 2-12,$f=2.22$ MPa,查表 2-17,$f_v=0.06$ MPa

(1)未混凝土灌孔时

$$A=5\,100\times 190=969\,000 \text{ mm}^2$$

$\gamma_G=1.3$ 时,得 $\sigma_0=1.3\times 0.92=1.196,\dfrac{\sigma_0}{f}=\dfrac{1.196}{2.22}=0.539<0.8$

$$\mu=0.26-0.082\times\frac{\sigma_0}{f}=0.26-0.082\times 0.539=0.216,\alpha=0.64$$

$$(f_v+\alpha\mu\sigma_0)A=(0.06+0.64\times 0.216\times 1.196)\times 969\,000=218.35\times 10^3 \text{ N}$$
$$=218.35 \text{ kN}<291 \text{ kN}$$

受剪承载力不满足要求。

(2)为确保横墙的受剪承载力,采用 Cb20 混凝土灌孔,砌块的孔洞率为 45%,每隔 2 孔灌 1 孔,即 $\rho = 33\%$。

$$\alpha = \delta\rho = 0.45 \times 0.33 = 0.15$$

$$f_g = f + 0.6\alpha f_c = 2.22 + 0.6 \times 0.15 \times 9.6 = 3.08 \text{ MPa} < 2f = 2 \times 2.22$$
$$= 4.44 \text{ MPa}$$

$$f_{vg} = 0.2 f_g^{0.55} = 0.2 \times 3.08^{0.55} = 0.37 \text{ MPa}$$

$$\gamma_G = 1.3 \text{ 时}, \frac{\sigma_0}{f} = \frac{1.196}{2.22} = 0.539 < 0.8$$

$$\mu = 0.26 - 0.082 \frac{\sigma_0}{f} = 0.26 - 0.082 \times 0.539 = 0.216, \alpha = 0.64$$

$$(f_{vg} + \alpha\mu\sigma_0)A = (0.37 + 0.64 \times 0.216 \times 1.196) \times 969\,000 = 518.74 \times 10^3 \text{ N}$$
$$= 518.74 \text{ kN} > 291 \text{ kN}$$

采用灌孔砌块墙体后,受剪承载力满足要求。

本章小结

(1)无筋砌体构件是砌体结构中最常见的构件,按照高厚比的不同可分为短柱和长柱。在截面尺寸、材料强度等级和施工质量相同的情况下,影响无筋砌体受压构件承载力的主要因素是构件的高厚比 β 和相对偏心距 e,《规范》用承载力影响系数 φ 来考虑这两种因素的影响,对短柱和长柱、轴心受压和偏心受压构件采用统一的受压承载力计算公式。同时,为避免构件在使用阶段产生较宽的水平裂缝和较大的侧向变形,《规范》规定轴向力的偏心距 e 不应超过 $0.6y$,当不能满足时应采取措施。

(2)局部受压是砌体结构中常见的一种受力状态,分为局部均匀受压和局部非均匀受压两种情况。由于"套箍强化"和"应力扩散"作用,使局部受压范围内的砌体抗压强度有较大程度的提高,采用砌体局部抗压强度提高系数 γ 来反映。

(3)梁端局部受压时,由于梁的挠曲变形和砌体压缩变形的影响,梁端的有效支承长度 a_0 和实际支承长度 a 不同,梁端下砌体的局部压应力也非均匀分布。当梁端支承处的砌体局部受压承载力不满足要求时,应在梁端下的砌体内设置垫块或垫梁。

(4)砌体受拉、受弯构件的承载力按材料力学公式进行计算。砌体沿水平通缝截面或沿阶梯形截面破坏时的受剪承载力,与砌体的抗剪强度 f_v 和竖向荷载在截面上产生的正压应力 σ_0 的大小有关。

思考题

3-1 如何区分长柱和短柱?

3-2 砌体构件受压承载力计算中,系数 φ 表示什么意思?与哪些因素有关?

3-3 偏心距如何计算?在受压承载力计算中偏心距的大小有何限值?设计中如超过限值时,可采取什么措施进行调整?

3-4 如何计算 T 形截面、十字形截面的折算厚度?

3-5 砌体局部受压可能发生哪几种破坏形态？为什么砌体局部受压时抗压强度有明显的提高？

3-6 什么是砌体局部抗压强度提高系数？如何计算？

3-7 什么是梁端砌体的内拱作用？在什么情况下应考虑内拱作用？

3-8 什么是梁端有效支承长度？如何计算？

3-9 当梁端支承处砌体局部受压承载力不满足要求时,可采取哪些措施？

3-10 混凝土刚性垫块有何要求？如何计算设置刚性垫块后的砌体局部受压？

习 题

3-1 已知一轴心受压柱,柱的截面尺寸为 $b \times h = 370 \text{ mm} \times 490 \text{ mm}$,采用 MU15 混凝土普通砖、Mb5 混合砂浆砌筑,施工质量控制等级为 B 级,柱的计算高度 $H_0 = 3.6 \text{ m}$,承受轴向力设计值 $N = 140 \text{ kN}$,试验算该柱的受压承载力。

3-2 一混凝土小型空心砌块柱,截面尺寸为 400 mm×600 mm,柱高 3.6 m,两端为不动铰支座,采用 MU10 砌块和 Mb5 混合砂浆砌筑,施工质量控制等级为 B 级。试计算该柱的承载力。

3-3 一矩形截面偏心受压柱,柱的截面尺寸为 $b \times h = 490 \text{ mm} \times 620 \text{ mm}$,采用 MU15 蒸压灰砂普通砖、M7.5 混合砂浆砌筑,施工质量控制等级为 B 级,柱的计算高度 $H_0 = 7 \text{ m}$,承受轴向力设计值 $N = 350 \text{ kN}$,沿长边方向弯矩设计值 $M = 11.2 \text{ kN} \cdot \text{m}$,试验算该柱的受压承载力。

3-4 某单层厂房纵墙窗间墙截面尺寸如图 3-24 所示,采用 MU15 蒸压粉煤灰普通砖、M7.5 混合砂浆砌筑,施工质量控制等级为 B 级,柱的计算高度 $H_0 = 7.2 \text{ m}$,承受轴向力设计值 $N = 630 \text{ kN}$,弯矩设计值 $M = 73 \text{ kN} \cdot \text{m}$(偏心压力偏向翼缘一侧),试验算该窗间墙的承载力是否满足要求。

3-5 某窗间墙截面尺寸为 1 000 mm×190 mm,采用 MU7.5 混凝土小型空心砌块(砌块孔洞率 46%)和 Mb5 水泥混合砂浆砌筑,沿砌块孔洞每隔 1 孔灌筑 Cb20 混凝土,施工质量控制等级为 B 级。墙的计算高度 $H_0 = 4.2 \text{ m}$,承受轴向力 $N = 130 \text{ kN}$,在截面厚度方向的偏心距 $e = 40 \text{ mm}$,试验算砌块砌筑窗间墙的承载力。

3-6 如图 3-25 所示一钢筋混凝土柱,柱的截面尺寸为 $b \times h = 200 \text{ mm} \times 240 \text{ mm}$,支承在砖墙上,墙厚 240 mm,采用 MU15 混凝土普通砖、Mb5 混合砂浆砌筑,施工质量控制等级为 B 级,柱传给墙的轴向力设计值 $N = 135 \text{ kN}$,试验算柱下砌体局部受压承载力。

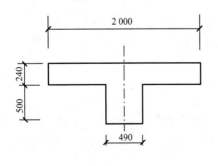

图 3-24 习题 3-4 图

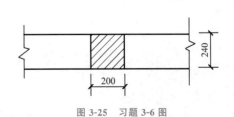

图 3-25 习题 3-6 图

3-7 某窗间墙截面尺寸为 1 000 mm×240 mm，采用 MU10 烧结普通砖、M5 混合砂浆砌筑，施工质量控制等级为 B 级，墙上支承钢筋混凝土梁，支承长度 240 mm，梁截面尺寸 $b×h=200$ mm×500 mm，梁端支承压力设计值为 $N_l=50$ kN，梁底截面上部荷载传来的轴向力设计值为 120 kN，试验算梁端砌体局部受压承载力。

3-8 某房屋窗间墙上梁的支承情况如图 3-26 所示，窗间墙截面尺寸为 1 200 mm× 370 mm，采用 MU10 烧结多孔砖、M5 混合砂浆砌筑，施工质量控制等级为 B 级，墙上支承钢筋混凝土梁，支承长度 240 mm，梁截面尺寸 $b×h=250$ mm×500 mm，梁端支承压力设计值为 $N_l=100$ kN，梁底截面上部荷载传来的轴向力设计值为 175 kN，试验算梁端砌体局部受压承载力。

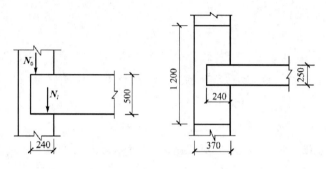

图 3-26 习题 3-8 图

3-9 如图 3-27 所示，某窗间墙截面尺寸为 1 200 mm×190 mm，采用 MU10 混凝土小型空心砌块和 Mb7.5 水泥混合砂浆砌筑，砌体用 Cb20 混凝土灌筑，孔洞率 $δ=30\%$，灌孔率 $ρ=33\%$，施工质量控制等级为 B 级。墙上支承截面尺寸为 $b×h=200$ mm×400 mm 的钢筋混凝土梁，梁端支承压力设计值 $N_l=70$ kN，梁底墙体截面处的上部荷载轴向力设计值为 $N_0=260$ kN，试验算梁端砌块砌体的局部受压承载力。

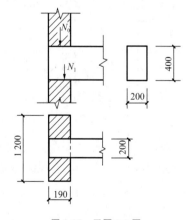

图 3-27 习题 3-9 图

3-10 如图 3-28 所示，一跨度为 6 m 的现浇钢筋混凝土简支梁，截面尺寸为 200 mm×550 mm，搁置在带壁柱墙上，壁柱截面为 390 mm×390 mm，梁支承长度 $a=200$ mm，梁端支承压力设计值 $N_l=100$ kN，梁底墙体截面处的上部荷载轴向力设计值为 $N_0=220$ kN，墙厚 190 mm,窗间墙宽 1 200 mm,墙体用 MU10 单排孔混凝土砌块和 Mb5 水泥混合砂浆砌筑,梁下壁柱用 Cb20 混凝土灌实三皮砌块,施工质量控制等级为 B 级。试验算梁端砌块砌体的局部受压承载力,如不满足要求,通过设置刚性垫块使承载力满足要求。

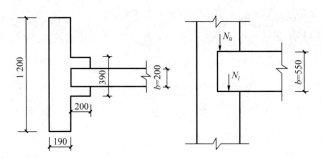

图 3-28 习题 3-10 图

3-11 一圆形砖砌水池,壁厚为 240 mm,采用 MU15 烧结普通砖、M7.5 混合砂浆砌筑,施工质量控制等级为 B 级,池壁承受的最大环向拉力设计值为 36 kN/m,试验算池壁的受拉承载力。

3-12 一矩形浅水池,壁高 $H = 1.6$ m,采用 MU15 混凝土普通砖、Mb10 水泥砂浆砌筑,施工质量控制等级为 B 级,壁厚 490 mm,如不考虑池壁自重所产生的不大的垂直压力,试计算池壁的受弯承载力。

3-13 一暗沟,如图 3-29 所示,其拱及墙厚为 240 mm,采用 MU10 混凝土普通砖和 Mb7.5 水泥砂浆砌筑,拱支座处沿墙长水平推力设计值为 26 kN/m,作用在受剪截面面积上由永久荷载设计值产生的竖向压力为 41 kN/m。施工质量控制等级为 B 级,试验算拱支座截面的受剪承载力。

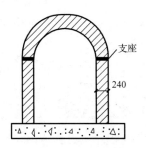

图 3-29 习题 3-13 图

3-14 某房屋中的横墙如图 3-30 所示,截面尺寸为 5 600 mm×190 mm,采用 MU10 混凝土小型空心砌块和 Mb5 水泥混合砂浆砌筑,施工质量控制等级为 B 级。所用砌块的孔洞率为 46%,该墙沿砌块孔洞每隔 2 孔灌筑 Cb20 的混凝土,由永久荷载标准值作用于墙顶水平截面上的平均压应力为 0.825 N/mm²,作用于墙顶的水平剪力设计值为 325 kN。试验算该墙的受剪承载力。

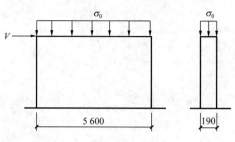

图 3-30 习题 3-14 图

3-15 混凝土小型空心砌块砌体墙长 1.6 m,厚 190 mm,砌块墙采用 MU10 砌块和 Mb5 水泥混合砂浆砌筑,施工质量控制等级为 B 级。其上作用正压力标准值 $N_k = 50$ kN (其中永久荷载包括自重产生的压力 35 kN),水平推力标准值 $V_k = 20$ kN(其中可变荷载产生的推力 15 kN),试求该墙段的受剪承载力。

第4章

配筋砌体构件承载力的计算

本章较详细地介绍了配筋砌体结构构件承载力的计算方法和构造规定,并通过相应例题,说明计算方法和构造要求在实际工程中的应用。

本章让学生熟练掌握配筋砌体构件的承载力计算方法,重点理解配筋砌体构件的受力特点,深刻了解相关的构造要求,以应用这些基本知识和方法解决砌体结构工程中的实际问题。

当无筋砌体构件不能满足承载力要求或截面尺寸受到限制时,可采用配筋砌体构件。配筋砌体构件的种类很多,目前常用的有网状配筋砖砌体构件、组合砖砌体构件、砖砌体和钢筋混凝土构造柱组合墙和配筋砌块砌体构件。

4.1 网状配筋砖砌体受压构件

网状配筋砖砌体是指在砖砌体水平灰缝内每隔一定间距设置钢筋网片,如图 4-1 所示。在竖向荷载作用下,砖砌体不但发生纵向压缩变形,同时也发生横向膨胀变形。由于钢筋和砂浆以及砂浆层和块体之间存在着摩擦力和黏结力,钢筋网片被完全嵌固在灰缝内与砖砌体共同工作;当砖砌体纵向受压时,钢筋横向受拉,因钢筋的弹性模量比砌体大,变形相对小,可阻止砌体在受压时横向变形的发展,防止砌体因纵向裂缝的延伸过早失稳而破坏,从而间接地提高网状配筋砖砌体构件的承载能力,故这种配筋又称为间接配筋。砌体和这种横向间接钢筋的共同工作可一直维持到砌体完全破坏。

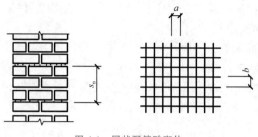

图 4-1　网状配筋砖砌体

配筋砌体

4.1.1　网状配筋砖砌体构件的受压性能

试验表明,网状配筋砖砌体在轴心压力作用下,从开始加荷到破坏,类似于无筋砖砌体,按照裂缝的出现与发展,也可分为三个受力阶段,但其破坏特征和无筋砖砌体不同。

(1)第一阶段

随着荷载的增加,单块砖内出现第一批裂缝,此阶段的受力特点与无筋砌体相同,出现第一批裂缝时的荷载为破坏荷载的60%~75%,较无筋砌体高。

(2)第二阶段

随着荷载的继续增加,纵向裂缝的数量增多,但发展很缓慢。纵向裂缝受到横向钢筋的约束,不能沿砌体高度方向形成连续裂缝,这与无筋砌体受压时有较大的不同。

(3)第三阶段

荷载增至极限,砌体内部分开裂严重的砖脱落或被压碎,最后导致砌体完全破坏如图4-2所示。此阶段一般不会像无筋砌体那样形成1/2砖的竖向小柱体而发生失稳破坏的现象,砖的强度得以比较充分的发挥。

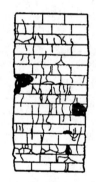

图 4-2　网状配筋砖砌体构件的受压破坏

4.1.2　受压承载力计算

网状配筋砖砌体受压构件的承载力应按下列公式计算

$$N \leqslant \varphi_n f_n A \tag{4-1}$$

$$f_n = f + 2\left(1 - \frac{2e}{y}\right)\rho f_y \tag{4-2}$$

$$\rho = \frac{(a+b)A_s}{abs_n} \tag{4-3}$$

式中　N——轴向力设计值;

　　　f_n——网状配筋砖砌体的抗压强度设计值;

　　　A——截面面积;

e——轴向力的偏心距；

y——自截面重心至轴向力所在偏心方向截面边缘的距离；

ρ——体积配筋率；

f_y——钢筋的抗拉强度设计值，当 f_y 大于 320 MPa 时，仍采用 320 MPa；

a、b——钢筋网的网格尺寸；

A_s——钢筋的截面面积；

s_n——钢筋网的竖向间距；

φ_n——高厚比和配筋率以及轴向力的偏心距对网状配筋砖砌体受压构件承载力的影响系数，可按下列公式计算，也可按表 4-1 采用。

$$\varphi_n = \frac{1}{1+12\left[\frac{e}{h}+\sqrt{\frac{1}{12}\left(\frac{1}{\varphi_{on}}-1\right)}\right]^2} \tag{4-4}$$

$$\varphi_{on} = \frac{1}{1+(0.0015+0.45\rho)\beta^2} \tag{4-5}$$

式中　φ_{on}——网状配筋砖砌体受压构件的稳定系数；

　　　β——构件的高厚比。

表 4-1　　　　　　　　　　　　　　　影响系数 φ_n

$\rho/\%$	β	e/h				
		0	0.05	0.10	0.15	0.17
0.1	4	0.97	0.89	0.78	0.67	0.63
	6	0.93	0.84	0.73	0.62	0.58
	8	0.89	0.78	0.67	0.57	0.53
	10	0.84	0.72	0.62	0.52	0.48
	12	0.78	0.67	0.56	0.48	0.44
	14	0.72	0.61	0.52	0.44	0.41
	16	0.67	0.56	0.47	0.40	0.37
0.3	4	0.96	0.87	0.76	0.65	0.61
	6	0.91	0.80	0.69	0.59	0.55
	8	0.84	0.74	0.62	0.53	0.49
	10	0.78	0.67	0.56	0.47	0.44
	12	0.71	0.60	0.51	0.43	0.40
	14	0.64	0.54	0.46	0.38	0.36
	16	0.58	0.49	0.41	0.35	0.32
0.5	4	0.94	0.85	0.74	0.63	0.59
	6	0.88	0.77	0.66	0.56	0.52
	8	0.81	0.69	0.59	0.50	0.46
	10	0.73	0.62	0.52	0.44	0.41
	12	0.65	0.55	0.46	0.39	0.36
	14	0.58	0.49	0.41	0.35	0.32
	16	0.51	0.43	0.36	0.31	0.29
0.7	4	0.93	0.83	0.72	0.61	0.57
	6	0.86	0.75	0.63	0.53	0.50
	8	0.77	0.66	0.56	0.47	0.43
	10	0.68	0.58	0.49	0.41	0.38
	12	0.60	0.50	0.42	0.36	0.33
	14	0.52	0.44	0.37	0.31	0.30
	16	0.46	0.38	0.33	0.28	0.26

（续表）

$\rho/\%$		e/h				
	β	0	0.05	0.10	0.15	0.17
0.9	4	0.92	0.82	0.71	0.60	0.56
	6	0.83	0.72	0.61	0.52	0.48
	8	0.73	0.63	0.53	0.45	0.42
	10	0.64	0.54	0.46	0.38	0.36
	12	0.55	0.47	0.39	0.33	0.31
	14	0.48	0.40	0.34	0.29	0.27
	16	0.41	0.35	0.30	0.25	0.24
1.0	4	0.91	0.81	0.70	0.59	0.55
	6	0.82	0.71	0.60	0.51	0.47
	8	0.72	0.61	0.52	0.43	0.41
	10	0.62	0.53	0.44	0.37	0.35
	12	0.54	0.45	0.38	0.32	0.30
	14	0.46	0.39	0.33	0.28	0.26
	16	0.39	0.34	0.28	0.24	0.23

试验表明，当荷载偏心作用时，横向配筋的效果将随偏心距的增大而降低。因此，网状配筋砖砌体受压构件尚应符合下列规定：

①偏心距超过截面核心范围（对于矩形截面即 $e/h>0.17$），或构件的高厚比 $\beta>16$ 时，不宜采用网状配筋砖砌体构件；

②对矩形截面构件，当轴向力偏心方向的截面边长大于另一方向的边长时，除按偏心受压计算外，还应对较小边长方向按轴心受压进行验算；

③当网状配筋砖砌体下端与无筋砌体交接时，尚应验算交接处无筋砌体的局部受压承载力。

4.1.3　构造规定

网状配筋砖砌体构件的构造应符合下列规定：

①网状配筋砖砌体中的体积配筋率，不应小于 0.1%，并不应大于 1%；

②采用钢筋网时，钢筋的直径宜采用 3～4 mm；

③钢筋网中钢筋的间距，不应大于 120 mm，并不应小于 30 mm；

④钢筋网的间距，不应大于 5 皮砖，并不应大于 400 mm；

⑤网状配筋砖砌体所用的砂浆强度等级不应低于 M7.5；钢筋网应设置在砌体的水平灰缝中，灰缝厚度应保证钢筋上下至少各有 2 mm 厚的砂浆层。

【例 4-1】　一刚性方案多层房屋的内横墙，计算高度 $H_0=3.4$ m，厚度 240 mm，承受轴心压力，墙体采用 MU15 混凝土多孔砖和 Mb7.5 混合砂浆砌筑，施工质量控制等级为 B 级，网状配筋采用φP5 消除应力钢丝焊接方格网（$A_s=19.63$ mm²），钢丝间距 $a=b=50$ mm，钢丝网竖向间距 $s_n=260$ mm，$f_y=1\,110$ MPa，试计算该墙体的承载力。

【解】　取 1 m 长墙体进行计算，墙体截面面积 $A=0.24\times1=0.24$ m² >0.2 m²，实际因墙体较长，故不考虑对砌体强度进行折减。

$f_y=1\,110$ MPa >320 MPa，取 $f_y=320$ MPa，查表 2-11 得 $f=2.07$ MPa

$$\rho=\frac{(a+b)A_s}{abs_n}=\frac{(50+50)\times19.63}{50\times50\times260}=0.00302=0.302\%>0.1\%且<1\%$$

$$f_n=f+2\times(1-\frac{2e}{y})\rho f_y=2.07+2\times(1-0)\times0.00302\times320=4.00\text{ MPa}$$

$$\beta=\gamma_\beta\frac{H_0}{h}=1.1\times\frac{3\,400}{240}=15.58<16,查表4\text{-}1得\varphi_n=0.607$$

$$\varphi_n f_n A=0.607\times4.00\times0.24\times10^6=582.72\times10^3\text{ N}=582.72\text{ kN}$$

【例 4-2】 一网状配筋砖柱,截面尺寸 $b\times h=370$ mm$\times490$ mm,柱的计算高度 $H_0=$ 3.9 m,承受轴向力设计值 $N=185$ kN,沿长边方向的弯矩设计值 $M=12$ kN·m,采用 MU10 烧结普通砖和 M7.5 混合砂浆砌筑,施工质量控制等级为 B 级,网状配筋采用ϕᵖ5 消除应力钢丝焊接方格网($A_s=19.63$ mm²),钢丝间距 $a=b=50$ mm,钢丝网竖向间距 $s_n=252$ mm, $f_y=1\,110$ MPa,试验算该砖柱的承载力。

【解】 (1)沿截面长边方向的承载力验算

$f_y=1\,110$ MPa>320 MPa,取 $f_y=320$ MPa,查表 2-10 得 $f=1.69$ MPa

$$A=0.37\times0.49=0.1813\text{ m}^2<0.2\text{ m}^2,\gamma_a=0.8+0.1813=0.9813$$

$$\rho=\frac{(a+b)A_s}{abs_n}=\frac{(50+50)\times19.63}{50\times50\times252}=0.003=0.3\%>0.1\%且<1\%$$

$$e=\frac{M}{N}=\frac{12}{185}=0.065\text{ m}=65\text{ mm},\frac{e}{h}=\frac{65}{490}=0.133<0.17$$

$$\frac{e}{y}=2\times0.133=0.266$$

$$f_n=f+2(1-\frac{2e}{y})\rho f_y=1.69+2\times(1-2\times0.266)\times0.003\times320=2.59\text{ MPa}$$

考虑强度调整系数后

$$f_n=0.9813\times2.59=2.54\text{ MPa}$$

$$\beta=\gamma_\beta\frac{H_0}{h}=1.0\times\frac{3\,900}{490}=7.96<16$$

查表 4-1 得 $\varphi_n=0.579$。

$$\varphi_n f_n A=0.579\times2.54\times0.1813\times10^6=266.63\times10^3\text{ N}=266.63\text{ kN}>N=185\text{ kN}$$
满足要求。

(2)沿短边方向按轴心受压验算承载力

$$\beta=\gamma_\beta\frac{H_0}{b}=1.0\times\frac{3\,900}{370}=10.57,e=0$$

查表 4-1 得 $\varphi_n=0.79$。

$$f_n=f+2(1-\frac{2e}{y})\times\rho f_y=1.69+2\times(1-0)\times0.003\times320=3.61\text{ MPa}$$

$$\varphi_n f_n A=0.79\times0.9813\times3.61\times370\times490=507.38\times10^3\text{ N}=507.38\text{ kN}>N=185\text{ kN}$$
满足要求。

4.2　组合砖砌体构件

当无筋砖砌体承载力不足而截面尺寸又受到限制时,或轴向力的偏心距 e 超过

0.6y 时,可采用砖砌体和钢筋混凝土面层或钢筋砂浆面层组成的组合砖砌体构件,如图 4-3 所示。

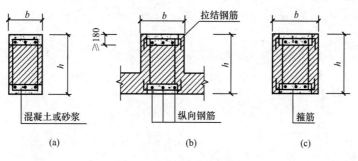

图 4-3 组合砖墙体构件截面

4.2.1 组合砖砌体的受力特点

组合砖砌体在轴心压力作用下,常在砌体与面层混凝土(或面层砂浆)的结合处产生第一批裂缝。随着荷载的增大,砖砌体内逐渐产生竖直方向的裂缝。由于钢筋混凝土(或钢筋砂浆)面层对砖砌体有横向约束作用,砌体内裂缝的发展较为缓慢,开展的宽度也不及无筋砌体。最后,砌体内的砖和面层混凝土(或面层砂浆)严重脱落甚至被压碎,或竖向钢筋在箍筋范围内压屈,组合砖砌体才完全破坏。

此外,在组合砖砌体中,砖能吸收混凝土(或砂浆)中的多余水分,使混凝土(或砂浆)面层的早期强度有明显提高,这在砌体结构房屋的增层或改建过程中,对原有砌体构件的补强或加固是很有利的。

4.2.2 组合砖砌体受压构件承载力计算

1.轴心受压构件承载力计算

组合砖砌体轴心受压构件的承载力按下式计算

$$N \leqslant \varphi_{\text{com}}(fA + f_c A_c + \eta_s f_y' A_s') \tag{4-6}$$

式中 φ_{com}——组合砖砌体构件的稳定系数,按表 4-2 采用;

A——砖砌体的截面面积。

f_c——混凝土或面层水泥砂浆的轴心抗压强度设计值。砂浆的轴心抗压强度设计值可取为同强度等级混凝土的轴心抗压强度设计值的 70%。当砂浆为 M15 时,取 5.0 MPa;当砂浆为 M10 时,取 3.4 MPa;当砂浆为 M7.5 时,取 2.5 MPa。

A_c——混凝土或砂浆面层的截面面积。

η_s——受压钢筋的强度系数。当为混凝土面层时,可取 1.0;当为砂浆面层时,可取 0.9。

f_y'——钢筋的抗压强度设计值。

A_s'——受压钢筋的截面面积。

对于砖墙与组合砌体一同砌筑的 T 形截面构件(图 4-3(b)),其承载力和高厚比可按矩形截面组合砌体构件计算[图 4-3(c)]。

表 4-2　　　　　　　　　　　　　组合砖砌体构件的稳定系数 φ_{com}

高厚比 β	配筋率 ρ/%					
	0	0.2	0.4	0.6	0.8	≥1.0
8	0.91	0.93	0.95	0.97	0.99	1.00
10	0.87	0.90	0.92	0.94	0.96	0.98
12	0.82	0.85	0.88	0.91	0.93	0.95
14	0.77	0.80	0.83	0.86	0.89	0.92
16	0.72	0.75	0.78	0.81	0.84	0.87
18	0.67	0.70	0.73	0.76	0.79	0.81
20	0.62	0.65	0.68	0.71	0.73	0.75
22	0.58	0.61	0.64	0.66	0.68	0.70
24	0.54	0.57	0.59	0.61	0.63	0.65
26	0.50	0.52	0.54	0.56	0.58	0.60
28	0.46	0.48	0.50	0.52	0.54	0.56

注:组合砖砌体构件截面的配筋率 $\rho = A_s'/bh$。

2.偏心受压构件承载力计算

组合砖砌体偏心受压构件的承载力按下列公式计算

$$N \leqslant fA' + f_c A_c' + \eta_s f_y' A_s' - \sigma_s A_s \tag{4-7}$$

$$Ne_N \leqslant fS_s + f_c S_{c,s} + \eta_s f_y' A_s'(h_0 - a_s') \tag{4-8}$$

此时受压区的高度 x 可按下列公式确定

$$fS_N + f_c S_{c,N} + \eta_s f_y' A_s' e_N' - \sigma_s A_s e_N = 0 \tag{4-9}$$

$$e_N = e + e_a + \left(\frac{h}{2} - a_s\right) \tag{4-10}$$

$$e_N' = e + e_a - \left(\frac{h}{2} - a_s'\right) \tag{4-11}$$

$$e_a = \frac{\beta^2 h}{2\,200}(1 - 0.022\beta) \tag{4-12}$$

式中　A'——砖砌体受压部分的面积;

　　　A_c'——混凝土或砂浆面层受压部分的面积;

　　　σ_s——钢筋 A_s 的应力;

　　　A_s——距轴向力 N 较远侧钢筋的截面面积;

　　　A_s'——距轴向力 N 较近侧钢筋的截面面积;

　　　S_s——砖砌体受压部分的面积对钢筋 A_s 重心的面积矩;

　　　$S_{c,s}$——混凝土或砂浆面层受压部分的面积对钢筋 A_s 重心的面积矩;

　　　S_N——砖砌体受压部分的面积对轴向力 N 作用点的面积矩;

　　　$S_{c,N}$——混凝土或砂浆面层受压部分的面积对轴向力 N 作用点的面积矩;

　　　e_N, e_N'——分别为钢筋 A_s 和 A_s' 重心至轴向力 N 作用点的距离(图 4-4);

　　　e——轴向力的初始偏心距,按荷载设计值计算,当 e 小于 $0.05h$ 时,应取 $e = 0.05h$;

　　　e_a——组合砖砌体构件在轴向力作用下的附加偏心距;

　　　h_0——组合砖砌体构件截面的有效高度,取 $h_0 = h - a_s$;

　　　a_s, a_s'——钢筋 A_s 和 A_s' 重心至截面较近边的距离。

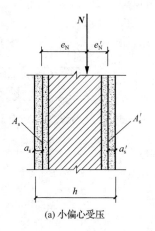
(a) 小偏心受压

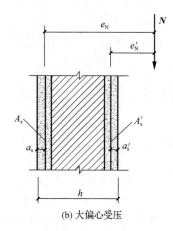
(b) 大偏心受压

图 4-4 组合砖砌体偏心受压构件

组合砖砌体钢筋 A_s 的应力 σ_s(单位为 MPa,正值为拉应力,负值为压应力)应按下列规定计算:

(1)当为小偏心受压,即 $\xi > \xi_b$ 时

$$\sigma_s = 650 - 800\xi \tag{4-13}$$

(2)当为大偏心受压,即 $\xi \leqslant \xi_b$ 时

$$\sigma_s = f_y \tag{4-14}$$

$$\xi = \frac{x}{h_0} \tag{4-15}$$

式中 σ_s——钢筋的应力,当 $\sigma_s > f_y$ 时,取 $\sigma_s = f_y$;当 $\sigma_s < f_y'$ 时,取 $\sigma_s = f_y'$;

ξ——组合砖砌体构件截面的相对受压区高度;

f_y——钢筋的抗拉强度设计值。

组合砖砌体构件受压区相对高度的界限值 ξ_b,对于 HRB400 级钢筋,应取 0.36;对于 HPB300 级钢筋,应取 0.47。

对组合砖砌体构件当轴向力偏心方向的截面边长大于另一方向的边长时,也应对较小边长方向按轴心的受压进行验算。

4.2.3 构造规定

组合砖砌体构件的构造应符合下列规定:

①面层混凝土强度等级宜采用 C20,面层水泥砂浆强度等级不宜低于 M10。砌筑砂浆的强度等级不宜低于 M7.5。

②砂浆面层的厚度,可采用 30~45 mm。当面层厚度大于 45 mm 时,其面层宜采用混凝土。

③竖向受力钢筋宜采用 HPB300 级钢筋,对于混凝土面层,亦可采用 HRB400 级钢筋。受压钢筋一侧的配筋率,对砂浆面层,不宜小于 0.1%,对混凝土面层,不宜小于 0.2%。受拉钢筋的配筋率,不应小于 0.1%。竖向受力钢筋的直径,不应小于 8 mm,钢筋的净间距,不应小于 30 mm;

④箍筋的直径,不宜小于 4 mm 及 0.2 倍的受压钢筋的直径,并不宜大于 6 mm。箍筋的间距,不应大于 20 倍受压钢筋的直径及 500 mm,并不应小于 120 mm;

⑤当组合砖砌体构件一侧的竖向受力钢筋多于 4 根时,应设置附加箍筋或拉结钢筋;

⑥对于截面长短边相差较大的构件如墙体等,应采用穿通墙体的拉结钢筋作为箍筋,同时设置水平分布钢筋。水平分布钢筋的竖向间距及拉结钢筋的水平间距,均不应大于 500 mm,如图 4-5 所示;

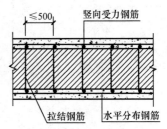

图 4-5 混凝土或砂浆面层组合墙

⑦组合砖砌体构件的顶部和底部,以及牛腿部位,必须设置钢筋混凝土垫块。竖向受力钢筋伸入垫块的长度,必须满足锚固要求。

【例 4-3】 一承重横墙,墙厚 240 mm,计算高度 $H_0 = 3.6$ m,每米宽度墙体承受轴心压力设计值 $N = 530$ kN/m,采用 MU15 蒸压灰砂普通砖和 M7.5 混合砂浆砌筑,施工质量控制等级为 B 级,试计算该墙承载力是否满足要求。若不满足,试设计采用组合砖砌体。

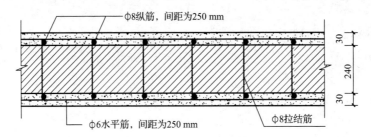

图 4-6 例 4-3 简图

【解】 查表 2-12 得 $f = 2.07$ MPa

$$\beta = \gamma_\beta \frac{H_0}{b} = 1.2 \times \frac{3\,600}{240} = 18$$

查表 3-1 得 $\varphi = 0.67$。

$$\varphi f A = 0.67 \times 2.07 \times 1\,000 \times 240 = 332.86 \times 10^3 \text{ N} = 332.86 \text{ kN} < N = 530 \text{ kN}$$

不满足要求。

采用双面钢筋水泥砂浆面层组合砖砌体,按构造要求采用 M10 水泥砂浆,$f_c = 3.4$ MPa,每边砂浆面层厚 30 mm,钢筋采用 HPB300 级钢筋($f_y' = 270$ MPa),竖向钢筋采用 $\phi8$ 间距 250 mm,水平钢筋采用 $\phi6$ 间距 250 mm,并按规定设穿墙拉结筋,如图 4-6 所示。

$$A_s' = 2 \times 4 \times 50.3 = 402.4 \text{ mm}^2$$

$$\rho = \frac{A_s'}{bh} = \frac{402.4}{1\,000 \times 240} = 0.17\%$$

查表 4-2 得 $\varphi_{com} = 0.696$。

$$\varphi_{com}(fA + f_c A_c + \eta_s f_y' A_s') = 0.696 \times (2.07 \times 1\,000 \times 240 + 3.4 \times 1\,000 \times 60 + 0.9 \times 270 \times 402.4) = 555.81 \times 10^3 \text{ N} = 555.81 \text{ kN} > N = 530 \text{ kN}$$

满足要求。

【例 4-4】 如图 4-7 所示一轴心受压混凝土面层组合砖柱,截面尺寸 $b \times h = 370$ mm$\times$ 490 mm,柱高为 4.9 m,柱两端为不动铰支座,采用 MU15 蒸压灰砂普通砖和 M7.5 混合砂浆砌筑,面层混凝土强度等级为 C20($f_c=9.6$ N/mm²),施工质量控制等级为 B 级,HPB300 级钢筋($f_y=f'_y=270$ N/mm²),试计算该柱的受压承载力设计值。

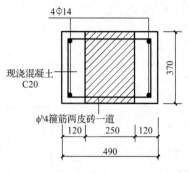

图 4-7　例 4-4 图

【解】　砖砌体面积 $A=0.25\times0.37=0.092\,5$ m²

混凝土面层面积 $A_c=2\times0.12\times0.37=0.088\,8$ m²

查表 2-12 得 $f=2.07$ MPa

因砌体截面面积 $A=0.092\,5$ m²<0.2 m²,调整系数 $\gamma_a=0.8+0.092\,5=0.892\,5$

调整后的砌体强度设计值 $f=0.892\,5\times2.07=1.85$ MPa

$$\rho=\frac{A'_s}{bh}=\frac{615}{370\times490}=0.339\%$$

由于柱两端为不动铰支座,计算高度 $H_0=1.0H=1\times4.9=4.9$ m

高厚比　　　　$\beta-\gamma_\rho=\dfrac{H_0}{h}=1.2\times\dfrac{4\,900}{370}=15.89$

查表 4-2 得 $\varphi_{com}=0.774$

$N=\varphi_{com}(fA+f_cA_c+\eta_sf'_yA'_s)$

$\qquad=0.774(1.85\times92\,500+9.6\times88\,800+1.0\times270\times615)=920.79\times10^3$ N$=920.79$ kN

【例 4-5】　如图 4-8 所示一单向偏心受压混凝土面层组合砖柱,截面尺寸 $b\times h=490$ mm$\times620$ mm,柱的计算高度 $H_0=7.5$ m,承受轴心力设计值 $N=390$ kN,沿截面长边方向的弯矩设计值 $M=185$ kN·m,采用 MU15 烧结多孔砖和 M7.5 混合砂浆砌筑,施工质量控制等级为 B 级,面层混凝土强度等级为 C20($f_c=9.6$ N/mm²)。HPB300 级钢筋对称配筋($f_y=f'_y=270$ N/mm²),求竖向钢筋面积 $A_s=A'_s$。

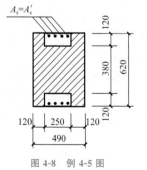

图 4-8　例 4-5 图

【解】　(1)沿截面长边方向的承载力计算

查表 2-10 得 $f=2.07$ MPa

砌体截面面积 $A=0.49\times0.62-2\times0.25\times0.12=0.243\,8$ m²>0.2 m²,不考虑调整系数。

偏心距 $e=\dfrac{M}{N}=\dfrac{185}{390}=0.474$ m$=474$ mm$>0.6y=0.6\times310=186$ mm

高厚比 $\beta=\gamma_\rho\dfrac{H_0}{h}=1.0\times\dfrac{7\,500}{620}=12.1$

由式 4-12 得附加偏心距为

$$e_a=\frac{\beta^2h}{2\,200}(1-0.022\beta)=\frac{12.1^2\times620}{2\,200}\times(1-0.022\times12.1)=30.28\text{ mm}$$

混凝土保护层厚度 $c=20$ mm，设箍筋直径 $d_{sv}=6$ mm，纵筋直径 $d=20$ mm，则 A_s 与 A'_s 重心至截面近边的距离

$$a_s=a'_s=c+d_{sv}+d/2=20+6+20/2=36 \text{ mm}$$
$$h_0=h-a_s=620-36=584 \text{ mm}$$

由式 4-10 确定 e_N，如图 4-9 所示。

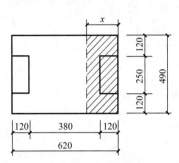 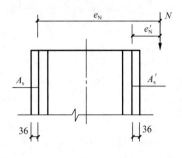

图 4-9　组合砖砌体偏心受压构件计算图

$$e_N=e+e_a+(\frac{h}{2}-a_s)=474+30.28+(\frac{620}{2}-36)=778.28 \text{ mm}$$

因偏心距较大，先假定该柱为大偏心受压，由于截面采用对称配筋，且混凝土面层中受压钢筋的强度系数 $\eta_s=1.0$，于是有 $\eta_s A'_s f'_y=A_s \sigma_s=A_s f_y$，则式(4-7)简化为 $N \leqslant fA'+f_c A'_c$

设受压区高度为 x 且 $x>120$ mm

砌体受压区面积，$A=490x-120\times250=490x-30\ 000$

混凝土受压区面积，$A'_c=120\times250=30\ 000$

由 $N=fA'+f_c A'_c$ 求 x

$$390\ 000=2.07\times(490x-30\ 000)+9.6\times30\ 000$$

解得 $x=161.79$ mm

$$\xi=\frac{x}{h_0}=\frac{161.79}{584}=0.277<\xi_b=0.44$$

因此，大偏心受压的假定成立。

$$x=161.79 \text{ mm}>120 \text{ mm}$$

假定混凝土面层均受压亦符合。

混凝土面层受压部分的面积对钢筋 A_s 重心的面积距为

$$S_{c,s}=120\times250\times(584-\frac{120}{2})=15.72\times10^6 \text{ mm}^3$$

砖砌体受压部分的面积对钢筋 A_s 重心的面积距为

$$S_s=bx(h_0-\frac{x}{2})-S_{c,s}=490\times161.79\times(584-\frac{161.79}{2})-15.72\times10^6=24.16\times10^6 \text{ mm}^2$$

由式(4-8)得

$$A'_s=\frac{Ne_N-fS_s-f_c S_{c,s}}{\eta_s f'_y(h_0-a'_s)}$$
$$=\frac{390\times10^3\times778.28-2.07\times24.16\times10^6-9.6\times15.72\times10^6}{1.0\times270(584-36)}$$
$$=693.47 \text{ mm}^2$$

每边选用 $3\Phi18$，$A_s=A'_s=763 \text{ mm}^2$

$$\rho=\frac{A_s}{bh}=\frac{763}{490\times620}=0.25\%>0.2\%$$

满足要求。

(2)截面短边方向按轴心受压承载力验算

$$A=490\times620-2\times120\times250=243\ 800\ \text{mm}^2$$

$$A_c=2\times120\times250=60\ 000\ \text{mm}^2$$

$$A_s=2\times763=1\ 526\ \text{mm}^2$$

$$\rho=\frac{A_s}{bh}=\frac{1\ 526}{490\times620}=0.5\%$$

$$\beta=\gamma_\rho\frac{H_0}{h}=1.0\times\frac{7\ 500}{490}=15.31,查表\ 4\text{-}2\ 得\ \varphi_{\text{com}}=0.812$$

$$\varphi_{\text{com}}(fA+f_cA_c+\eta_sf'_yA'_s)$$

$$=0.812\times(2.07\times243\ 800+9.6\times60\ 000+1.0\times270\times1\ 526)$$

$$=1\ 152\ 866\ \text{N}\approx1\ 152.87\ \text{kN}>390\ \text{kN}$$

满足要求。

4.3 砖砌体和钢筋混凝土构造柱组合墙

砖砌体和钢筋混凝土构造柱组合墙,是在砖墙中间隔一定距离设置钢筋混凝土构造柱,并在各层楼盖处设置钢筋混凝土圈梁(约束梁),使砖砌体墙与钢筋混凝土构造柱和圈梁组成一个整体结构共同受力,如图 4-10 所示。在竖向载荷作用下,由于砖砌体和钢筋混凝土构造柱的刚度不同,其受压过程中产生内力重新分布,砖砌体承担的载荷减少,而构造柱承担荷载增加。此外砌体中的构造柱和圈梁构成"弱框架",约束了内部砖砌体的变形,不仅显著提高砖砌体墙的竖向和水平承载力,也大大加强了墙体的整体性和延性。

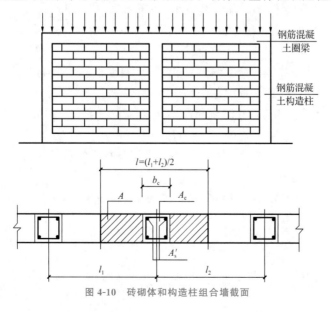

图 4-10 砖砌体和构造柱组合墙截面

4.3.1 轴心受压承载力计算

砖砌体和钢筋混凝土构造柱组合墙轴心受压承载力按下列公式计算

$$N \leqslant \varphi_{com}[fA + \eta(f_cA_c + f_y'A_s')] \tag{4-16}$$

$$\eta = \left(\cfrac{1}{\cfrac{l}{b_c} - 3}\right)^{\frac{1}{4}} \tag{4-17}$$

式中　φ_{com}——组合砖墙的稳定系数,可按表 4-2 采用;

　　η——强度系数,当 $l/b_c < 4$ 时,取 $l/b_c = 4$;

　　l——沿墙长方向构造柱的间距;

　　b_c——沿墙长方向构造柱的宽度;

　　A——扣除孔洞和构造柱的砖砌体截面面积;

　　A_c——构造柱的截面面积。

4.3.2 构造规定

砖砌体和钢筋混凝土构造柱组合砖墙的材料和构造应符合下列规定:

①砂浆的强度等级不应低于 M5,构造柱的混凝土强度等级不宜低于 C20。

②构造柱的截面尺寸不宜小于 240 mm×240 mm,其厚度不应小于墙厚,边柱、角柱的截面宽度宜适当加大。柱内竖向受力钢筋,对于中柱,钢筋数量不宜少于 4 根、直径不宜小于 12 mm;对于边柱、角柱,钢筋数量不宜少于 4 根、直径不宜小于 14 mm。构造柱的竖向受力钢筋的直径也不宜大于 16 mm。其箍筋,一般部位宜采用直径 6 mm、间距 200 mm,楼层上下 500 mm 范围内宜采用直径 6 mm、间距 100 mm。构造柱的竖向受力钢筋应在基础梁和楼层圈梁中锚固,并应符合受拉钢筋的锚固要求。

③组合砖墙砌体结构房屋,应在纵横墙交接处、墙端部和较大洞口的洞边设置构造柱,其间距不宜大于 4 m;各层洞口宜设置在相应位置,并宜上下对齐。

④组合砖墙砌体结构房屋应在基础顶面、有组合墙的楼层处设置现浇筑钢筋混凝土圈梁。圈梁的截面高度不宜小于 240 mm;纵向钢筋数量不宜少于 4 根,直径不宜小于 12 mm,纵向钢筋应伸入构造柱内,并应符合受拉钢筋的锚固要求;圈梁的箍筋直径宜采用 6 mm、间距 200 mm。

⑤砖砌体与构造柱的连接处应砌成马牙槎,并应沿墙高每隔 500 mm 设 2 根直径 6 mm 的拉结钢筋,且每边伸入墙内不宜小于 600 mm。

⑥构造柱可不单独设置基础,但应伸入室外地坪下 500 mm,或与埋深小于 500 mm 的基础梁相连。

⑦组合砖墙的施工程序应为先砌墙后浇混凝土构造柱。

⑧钢筋混凝土构造柱的示意图如图 4-11 所示。

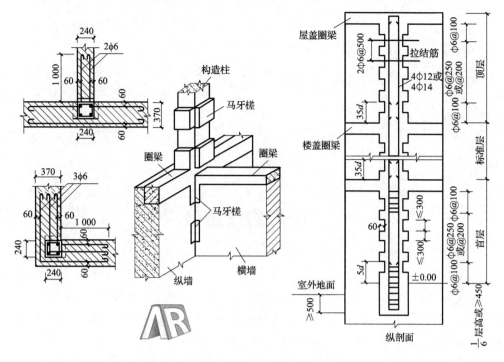

图 4-11　钢筋混凝土构造柱的示意图

【例 4-6】　如图 4-12 所示,一砖砌体和钢筋混凝土构造柱组合墙,墙厚 240 mm,构造柱截面尺寸 240 mm×240 mm,$l_1=l_2=1\,700$ mm,计算高度 $H_0=3.8$ m,每根构造柱内配置 $4\phi12$ 的 HPB300 级钢筋($f'_y=270$ MPa),采用 MU15 混凝土多孔砖、Mb5 混合砂浆和 C20 混凝土($f_c=9.6$ MPa)。试计算受压承载力。

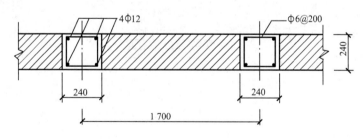

图 4-12　例 4-6 简图

【解】　查表 2-11 得 $f=1.83$ MPa。

砖砌体净截面面积　$A=240\times(1\,700-240)=350\,400$ mm²

构造柱截面面积　$A_c=240\times240=57\,600$ mm²

全部受压钢筋截面面积　$A'_s=4\times113.1=452.4$ mm²

取 $l=1\,700$ mm,$\dfrac{l}{b_c}=\dfrac{1\,700}{240}=7.1>4$。

强度系数　$\eta=\left(\dfrac{1}{\dfrac{l}{b_c}-3}\right)^{\frac{1}{4}}=\left(\dfrac{1}{7.1-3}\right)^{\frac{1}{4}}=0.703$

$$\beta = \gamma_\beta \frac{H_0}{h} = 1.1 \times \frac{3\,800}{240} = 17.42, \quad \rho = \frac{A'_s}{bh} = \frac{452.4}{1\,700 \times 240} = 0.111\%$$

查表 4-2 得 $\varphi_{com} = 0.701$，则

$$N = \varphi_{com}[fA + \eta(f_cA_c + f'_yA'_s)]$$
$$= 0.701 \times [1.83 \times 350\,400 + 0.703 \times (9.6 \times 57\,600 + 270 \times 452.4)]$$
$$= 782.2 \times 10^3 \text{ N} = 782.2 \text{ kN}$$

折算成每米长的承载力为

$$N = \frac{782.2}{1.7} = 460.12 \text{ kN/m}$$

4.4 配筋砌块砌体构件

配筋砌块砌体是在砌块的竖向孔洞内配置一定数量的竖向通长钢筋，并用混凝土灌孔注芯，同时在砌体的水平灰缝内设置水平钢筋或箍筋，竖向和水平钢筋使砌块砌体形成一个共同工作的整体，如图 4-13 所示。配筋砌块砌体在受力模式上类同于混凝土剪力墙结构，即由配筋砌块剪力墙承受结构的竖向和水平荷载，是结构的承重和抗侧力构件。由于配筋砌块砌体具有较高的抗拉、抗压和抗剪强度，以及良好的延性和抗震性能，并且造价较低，节能达标，近年来在我国得到广泛的发展和应用，并逐步应用于大开间和高层建筑结构中。《规范》规定在抗震设防烈度为 6 度、7 度和 8 度地区建造的配筋砌块砌体剪力墙结构房屋的允许高度可分别达到 54 m、45 m 和 30 m。

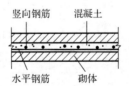

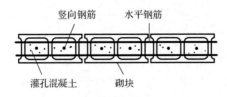

图 4-13 配筋砌块砌体

配筋砌块砌体结构的内力与位移，可按弹性方法计算。各构件应根据结构分析所得的内力，分别按轴心受压、偏心受压或偏心受拉构件进行正截面承载力和斜截面承载力计算，并应根据结构分析所得的位移进行变形验算。

4.4.1　正截面受压承载力计算

1. 基本假定

配筋砌块砌体构件正截面承载力应按下列基本假定进行计算：

①截面应变分布保持平面。

②竖向钢筋与其毗邻的砌体、灌孔混凝土的应变相同。

③不考虑砌体、灌孔混凝土的抗拉强度。

④根据材料选择砌体、灌孔混凝土的极限压应变：当轴心受压时不应大于0.002；偏心受压时的极限压应变不应大于0.003。

⑤根据材料选择钢筋的极限拉应变，且不应大于0.01。

⑥纵向受拉钢筋屈服与受压区砌体破坏同时发生时的相对界限受压区的高度，应按下式计算

$$\xi_b = \frac{0.8}{1 + \dfrac{f_y}{0.003E_s}} \tag{4-18}$$

式中　ξ_b——相对界限受压区高度 ξ_b 为界限受压区高度与截面有效高度的比值；

　　　f_y——钢筋的抗拉强度设计值；

　　　E_s——钢筋的弹性模量。

⑦大偏心受压时受拉钢筋考虑在 $h_0 - 1.5x$ 范围内屈服并参与工作。

2. 轴心受压承载力计算

轴心受压配筋砌块砌体构件，当配有箍筋或水平分布钢筋时，其正截面受压承载力应按下列公式计算

$$N \leqslant \varphi_{0g}(f_g A + 0.8 f'_y A'_s) \tag{4-19}$$

$$\varphi_{0g} = \frac{1}{1 + 0.001\beta^2} \tag{4-20}$$

式中　N——轴向力设计值；

　　　f_g——灌孔砌体的抗压强度设计值，按式(2-19)计算；

　　　f'_y——钢筋的抗压强度设计值；

　　　A——构件的截面面积；

　　　A'_s——全部竖向钢筋的截面面积；

　　　φ_{0g}——轴心受压构件的稳定系数；

　　　β——构件的高厚比。

当无箍筋或水平分布钢筋时，仍可按式(4-19)计算，但应取 $f'_y A'_s = 0$。配筋砌块砌体构件的计算高度 H_0 可取层高。

3. 矩形截面偏心受压构件承载力计算

配筋砌块砌体在偏心受压时的受力性能和破坏形态与一般钢筋混凝土偏心受压构件相似。并且也分为大、小偏心受压两种情况。

大、小偏心受压判别条件为：当截面受压区高度 $x \leqslant \xi_b h_0$ 时，按大偏心受压计算；当 $x > \xi_b h_0$ 时，按小偏心受压计算，如图 4-14 所示；相对界限受压区高度的取值，对 HPB300 级钢筋取 ξ_b 等于 0.57，对 HRB400 级钢筋取 ξ_b 等于 0.52。

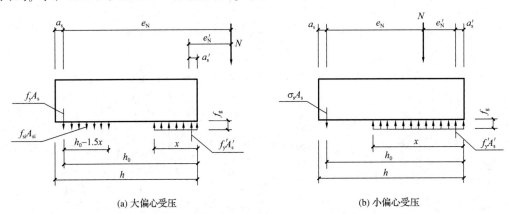

(a) 大偏心受压   (b) 小偏心受压

图 4-14　矩形截面偏心受压正截面承载力计算简图

（1）大偏心受压计算公式

按图 4-14(a)取平衡条件，其大偏心受压正截面承载力应按下列公式计算

$$N \leqslant f_g bx + f'_y A'_s - f_y A_s - \sum f_{si} A_{si} \tag{4-21}$$

$$Ne_N \leqslant f_g bx \left(h_0 - \frac{x}{2} \right) + f'_y A'_s (h_0 - a'_s) - \sum f_{si} S_{si} \tag{4-22}$$

式中　N——轴向力设计值；

f_g——灌孔砌体的抗压强度设计值；

f_y、f'_y——竖向受拉、受压主筋的强度设计值；

b——截面宽度；

f_{si}——竖向分布钢筋的抗拉强度设计值；

A_s、A'_s——竖向受拉、受压主筋的截面面积；

A_{si}——单根竖向分布钢筋的截面面积；

S_{si}——第 i 根竖向分布钢筋对竖向受拉主筋的面积矩；

e_N——轴向力作用点到竖向受拉主筋合力点之间的距离，按式(4-10)计算。

a'_s——受压区纵向钢筋合力点至截面受压区边缘的距离，对 T 形、L 形、工形截面，当翼缘受压时 100 mm，其他情况取 300 mm；

a_s——受拉区纵向钢筋合力点至截面受拉区边缘的距离，对 T 形、L 形、Z 形截面，当翼缘受压时取 300 mm，其他情况取 100 mm。

当大偏心受压计算的受压区高度 $x < 2a'_s$ 时，其正截面承载力可按下式计算

$$Ne'_N \leqslant f_y A_s (h_0 - a'_s) \tag{4-23}$$

式中　e'_N——轴向力作用点至竖向受压主筋合力点之间的距离,按式(4-11)计算。

（2）小偏心受压计算公式

按图 4-14(b)取平衡元件,其小偏心受压正截面承载力应按下列公式计算

$$N \leqslant f_g bx + f'_y A'_s - \sigma_s A_s \tag{4-24}$$

$$Ne_N \leqslant f_g bx \left(h_0 - \frac{x}{2}\right) + f'_y A'_s (h_0 - a'_s) \tag{4-25}$$

$$\sigma_s = \frac{f_y}{\xi_b - 0.8}\left(\frac{x}{h_0} - 0.8\right) \tag{4-26}$$

当受压区竖向受压主筋无箍筋或无水平钢筋约束时,可不考虑竖向受压主筋的作用,即取 $f'_y A'_s = 0$。

矩形截面对称配筋砌块砌体小偏心受压时,也可近似按下列公式计算钢筋截面面积

$$A_s = A'_s = \frac{Ne_N - \xi(1 - 0.5\xi)f_g bh_0^2}{f'_y(h_0 - a'_s)} \tag{4-27}$$

$$\xi = \frac{x}{h_0} = \frac{N - \xi_b f_g bh_0}{\dfrac{Ne_N - 0.43 f_g bh_0^2}{(0.8 - \xi_b)(h_0 - a'_s)} + f_g bh_0} + \xi_b \tag{4-28}$$

小偏心受压承载力计算中未考虑竖向分布钢筋的作用。

4. T 形、L 形、工形截面偏心受压构件承载力计算

T 形、L 形、工形截面偏心受压构件,当翼缘和腹板的相交处采用错缝搭接砌筑和同时设置中距不大于 1.2 m 的水平配筋带(截面高度≥60 mm,钢筋不少于 2φ12)时,可考虑翼缘的共同工作,翼缘的计算宽度应按表 4-3 中的最小值采用,其正截面受压承载力应按下列规定计算:

①当受压区高度 $x \leqslant h'_f$ 时,应按宽度为 b'_f 的矩形截面计算;

②当受压区高度 $x > h'_f$ 时,则应考虑腹板的受压作用。

T 形、L 形、工形截面偏心受压构件根据偏心距的大小仍按大、小偏压分别进行计算。

（1）大偏心受压承载力计算

T 形截面偏心受压构件破坏时截面应力如图 4-15 所示,根据截面内力平衡,T 形截面配筋砌块砌体构件大偏心受压时,正截面受压承载力应按下列公式计算

$$N \leqslant f_g [bx + (b'_f - b)h'_f] + f'_y A'_s - \sum f_{si} A_{si} \tag{4-29}$$

$$Ne_N \leqslant f_g [bx(h_0 - \frac{x}{2}) + (b'_f - b)h'_f(h_0 - \frac{h'_f}{2})] + f'_y A'_s(h_0 - a'_s) - \sum f_{si} S_{si} \tag{4-30}$$

式中　b'_f——T 形、L 形、工形截面受压区的翼缘计算宽度;

　　　h'_f——T 形、L 形、工形截面受压区的翼缘厚度。

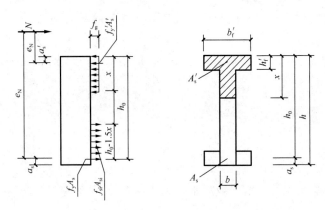

图 4-15 T 形截面偏心受压构件正截面承载力计算简图

表 4-3 T 形、L 形、工形截面偏心受压构件翼缘计算宽度 b_f'

考虑情况	T、工形截面	L 形截面
按构件计算高度 H_0 考虑	$H_0/3$	$H_0/6$
按腹板间距 L 考虑	L	$L/2$
按翼缘厚度 h_f' 考虑	$b+12h_f'$	$b+6h_f'$
按翼缘的实际宽度 b_f' 考虑	b_f'	b_f'

（2）小偏心受压承载力计算

T 形截面配筋砌块砌体构件小偏心受压时，正截面受压承载力应按下列公式计算

$$N \leqslant f_g[bx+(b_f'-b)h_f']+f_y'A_s'-\sigma_s A_s \tag{4-31}$$

$$Ne_N \leqslant f_g\left[bx\left(h_0-\frac{x}{2}\right)+(b_f'-b)h_f'\left(h_0-\frac{h_f'}{2}\right)\right]+f_y'A_s'(h_0-a_s') \tag{4-32}$$

配筋砌块砌体构件，当竖向钢筋仅配在中间时，其平面外偏心受压承载力可按无筋砌体公式（3-4）进行计算，但应采用灌孔砌体的抗压强度设计值。

4.4.2 斜截面受剪承载力计算

偏心受压和偏心受拉配筋砌块砌体剪力墙，其斜截面受剪承载力应按下述方法进行计算。

1. 剪力墙的截面尺寸

为确保墙体不产生斜压破坏，剪力墙要有足够的截面尺寸，即

$$V \leqslant 0.25 f_g bh_0 \tag{4-33}$$

式中　V——剪力墙的剪力设计值；

　　　f_g——灌孔砌体的抗压强度设计值；

　　　b——剪力墙截面宽度，或 T 形，倒 L 形截面腹板宽度；

　　　h_0——剪力墙截面的有效高度。

2. 偏心受压时的斜截面受剪承载力

剪力墙在偏心受压时的斜截面受剪承载力应按下列公式计算

$$V \leqslant \frac{1}{\lambda - 0.5}\left(0.6 f_{vg} b h_0 + 0.12 N \frac{A_w}{A}\right) + 0.9 f_{yh} \frac{A_{sh}}{s} h_0 \tag{4-34}$$

$$\lambda = \frac{M}{V h_0} \tag{4-35}$$

式中 f_{vg}——灌孔砌体的抗剪强度设计值,按式(2-21)计算;

M、N、V——计算截面的弯矩、轴向力和剪力设计值,当 $N > 0.25 f_g b h$ 时,取 $N = 0.25 f_g b h$;

A——剪力墙的截面面积,其中翼缘的有效面积,可按表 4-3 的规定确定;

A_w——T 形或倒 L 形截面腹板的截面面积,对矩形截面取 $A_w = A$;

λ——计算截面的剪跨比,当 $\lambda < 1.5$ 时,取 1.5;当 $\lambda \geqslant 2.2$ 时,取 2.2;

h_0——剪力墙截面的有效高度;

A_{sh}——配置在同一截面内的水平分布钢筋或网片的全部截面面积;

s——水平分布钢筋的竖向间距;

f_{yh}——水平钢筋的抗拉强度设计值。

3. 偏心受拉时的斜截面受剪承载力

剪力墙在偏心受拉时的斜截面受剪承载力应按下式计算

$$V \leqslant \frac{1}{\lambda - 0.5}\left(0.6 f_{vg} b h_0 - 0.22 N \frac{A_w}{A}\right) + 0.9 f_{yh} \frac{A_{sh}}{s} h_0 \tag{4-36}$$

式中符号意义同前。

4. 连梁的斜截面受剪承载力

配筋砌块砌体剪力墙连梁的斜截面受剪承载力,应符合下列规定:

(1)当连梁采用钢筋混凝土时,连梁的承载力应按现行国家标准《混凝土结构设计规范》的有关规定进行计算;

(2)当连梁采用配筋砌块砌体时,应符合下列规定:

①连梁的截面,应符合下列规定:

$$V_b \leqslant 0.25 f_g b h_0 \tag{4-37}$$

②连梁的斜截面受剪承载力应按下式计算

$$V_b \leqslant 0.8 f_{vg} b h_0 + f_{yv} \frac{A_{sv}}{s} h_0 \tag{4-38}$$

式中 V_b——连梁的剪力设计值;

b——连梁的截面宽度;

h_0——连梁的截面有效高度;

A_{sv}——配置在同一截面内箍筋各肢的全部截面面积;

f_{yv}——箍筋的抗拉强度设计值;

s——沿构件长度方向箍筋的间距。

连梁的正截面受弯承载力应按现行国家标准《混凝土结构设计规范》受弯构件的有关规定进行计算;当采用配筋砌块砌体时,应采用其相应的计算参数和指标。

4.4.3 配筋砌块砌体剪力墙构造规定

1.钢筋

钢筋的选择应符合下列规定:

①钢筋的直径不宜大于 25 mm,当设置在灰缝中时不应小于 4 mm,在其他部位不应小于 10 mm。

②配置在孔洞或空腔中的钢筋面积不应大于孔洞或空腔面积的 6%。

钢筋的设置,应符合下列规定:

①设置在灰缝中钢筋的直径不宜大于灰缝厚度的 1/2。

②两平行的水平钢筋间的净距不应小于 50 mm。

③柱和壁柱中的竖向钢筋的净距不应小于 40 mm(包括接头处钢筋间的净距)。

钢筋在灌孔混凝土中的锚固,应符合下列规定:

①当计算中充分利用竖向受拉钢筋强度时,其锚固长度 l_a,对 HRB400 和 RRB400 级钢筋不应小于 $35d$;在任何情况下钢筋(包括钢筋网片)锚固长度不应小于 300 mm。

②竖向受拉钢筋不应在受拉区截断。如必须截断时,应延伸至按正截面受弯承载力计算不需要该钢筋的截面以外,延伸的长度不应小于 $20d$。

③竖向受压钢筋在跨中截断时,必须伸至按计算不需要该钢筋的截面以外,延伸的长度不应小于 $20d$;对绑扎骨架中末端无弯钩的钢筋,不应小于 $25d$。

④钢筋骨架中的受力光面钢筋,应在钢筋末端做弯钩,在焊接骨架、焊接网以及轴心受压构件中,不做弯钩;绑扎骨架中的受力带肋钢筋,在钢筋的末端不做弯钩。

钢筋的接头应符合下列规定:

钢筋的直径大于 22 mm 时宜采用机械连接接头,接头的质量应符合国家现行有关标准的规定;其他直径的钢筋可采用搭接接头,并应符合下列规定:

①钢筋的接头位置宜设置在受力较小处。

②受拉钢筋的搭接接头长度不应小于 $1.1l_a$,受压钢筋的搭接接头长度不应小于 $0.7l_a$,但不应小于 300 mm。

③当相邻接头钢筋的间距不大于 75 mm 时,其搭接长度应为 $1.2l_a$。当钢筋间的接头错开 $20d$ 时,搭接长度可不增加。

水平受力钢筋(网片)的锚固和搭接长度应符合下列规定:

①在凹槽砌块混凝土带中钢筋的锚固长度不宜小于 $30d$,且其水平或垂直弯折段的长度不宜小于 $15d$ 和 200 mm;钢筋的搭接长度不宜小于 $35d$。

②在砌体水平灰缝中,钢筋的锚固长度不宜小于 $50d$,且其水平或垂直弯折段的长度不

宜小于 20d 和 250 mm;钢筋的搭接长度不宜小于 55d;

③在隔皮或错缝搭接的灰缝中为 55d＋2h,d 为灰缝受力钢筋的直径;h 为水平灰缝的间距。

2. 配筋砌块砌体剪力墙、连梁

配筋砌块砌体剪力墙、连梁的砌体材料强度等级应符合下列规定:

①砌块不应低于 MU10。

②砌筑砂浆不应低于 Mb7.5。

③灌孔混凝土不应低于 Cb20。

对安全等级为一级或设计使用年限大于 50a 的配筋砌块砌体房屋,所用材料的最低强度等级应至少提高一级。

配筋砌块砌体剪力墙厚度、连梁截面宽度不应小于 190 mm。

配筋砌块砌体剪力墙的构造配筋应符合下列规定:

①应在墙的转角、端部和孔洞的两侧配置竖向连续的钢筋,钢筋直径不宜小于 12 mm。

②应在洞口的底部和顶部设置不小于 2φ10 的水平钢筋,其伸入墙内的长度不应小于 40d 和 600 mm。

③应在楼(屋)盖的所有纵横墙处设置现浇钢筋混凝土圈梁,圈梁的宽度和高度应等于墙厚和块高,圈梁主筋不应少于 4φ10,圈梁的混凝土强度等级不应低于同层混凝土块体强度等级的 2 倍,或该层灌孔混凝土的强度等级,也不应低于 C20。

④剪力墙其他部位的竖向和水平钢筋的间距不应大于墙长、墙高的 1/3,也不应大于 900 mm。

⑤剪力墙沿竖向和水平方向的构造钢筋配筋率均不应小于 0.07%。

按壁式框架设计的配筋砌块砌体窗间墙除应符合上述规定外,尚应符合下列规定:

①窗间墙的截面应符合下列要求规定:墙宽不应小于 800 mm;墙净高与墙宽之比不宜大于 5。

②窗间墙中的竖向钢筋应符合下列规定:每片窗间墙中沿全高不应少于 4 根钢筋;沿墙的全截面应配置足够的抗弯钢筋;窗间墙的竖向钢筋的配筋率不宜小于 0.2%,也不宜大于 0.8%。

③窗间墙中的水平分布钢筋应符合下列规定:水平分布钢筋应在墙端部纵筋处下弯折 90°,弯折段长度不小于 15d 和 150 mm。水平分布钢筋的间距:在距梁边 1 倍墙宽范围内不应大于 1/4 墙宽,其余部位不应大于 1/2 墙宽;水平分布钢筋的配筋率不宜小于 0.15%。

配筋砌块砌体剪力墙,应按下列情况设置边缘构件:

①当利用剪力墙端的砌体受力时,应符合下列规定:应在一字墙的端部至少 3 倍墙厚范围内的孔中设置不小于 φ12 通长竖向钢筋;应在 L、T 形或十字形墙交接处 3 或 4 个孔中设置不小于 φ12 通长竖向钢筋;当剪力墙的轴压比大于 0.6f_g 时,除按上述规定设置竖向钢筋外,尚应设置间距不大于 200 mm、直径不小于 6 mm 的钢箍。

②当在剪力墙墙端设置混凝土柱作为边缘构件时,应符合下列规定:柱的截面宽度宜

不小于墙厚,柱的截面高度宜为1～2倍的墙厚,并不应小于200 mm;柱的混凝土强度等级不宜低于该墙体块体强度等级的2倍,或不低于该墙体灌孔混凝土的强度等级,也不应低于Cb20;柱的竖向钢筋不宜小于4ϕ12,箍筋不宜小于ϕ6、间距不宜大于200 mm;墙体中的水平钢筋应在柱中锚固,并应满足钢筋的锚固要求;柱的施工顺序宜为先砌砌块墙体,后浇捣混凝土。

配筋砌块砌体剪力墙中当连梁采用钢筋混凝土时,连梁混凝土的强度等级不宜低于同层墙体块体强度等级的2倍,或同层墙体灌孔混凝土的强度等级,也不应低于C20;其他构造尚应符合现行国家标准《混凝土结构设计规范》(GB 50010—2010)(2015年版)的有关规定。

配筋砌块砌体剪力墙中当连梁采用配筋砌块砌体时,连梁应符合下列规定:

①连梁的截面应符合下列规定:连梁的高度不应小于两皮砌块的高度和400 mm;连梁应采用H型砌块或凹槽砌块组砌,孔洞应全部浇灌混凝土。

②连梁的水平钢筋宜符合下列规定:连梁上、下水平受力钢筋宜对称、通长设置,在灌孔砌体内的锚固长度不宜小于40d和600 mm;连梁水平受力钢筋的含钢率不宜小于0.2%,也不宜大于0.8%。

③连梁的箍筋应符合下列规定:箍筋的直径不应小于6 mm;箍筋的间距不宜大于1/2梁高和600 mm;在距支座等于梁高范围内的箍筋间距不应大于1/4梁高,距支座表面第一根箍筋的间距不应大于100 mm;箍筋的面积配筋率不宜小于0.15%;箍筋宜为封闭式,双肢箍末端弯钩为135°;单肢箍末端的弯钩为180°,或弯90°加12倍箍筋直径的延长段。

3.配筋砌块砌体柱

配筋砌块砌体柱(图4-16)应符合下列规定:

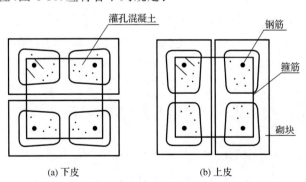

图4-16　配筋砌块砌体柱截面示意

①柱截面边长不宜小于400 mm,柱高度与截面短边之比不宜大于30;

②柱的竖向受力钢筋的直径不宜小于12 mm。数量不应少于4根,全部竖向受力钢筋的配筋率不宜小于0.2%;

③柱中箍筋的设置应根据下列情况确定:当纵向钢筋的配筋率大于0.25%,且柱承受的轴向力大于受压承载力设计值的25%时,柱应设箍筋;当配筋率小于等于0.25%时,或柱承受的轴向力小于受压承载力设计值的25%时,柱中可不设置箍筋;箍筋的直径不宜小于

6 mm;箍筋的间距不应大于 16 倍的纵向钢筋直径、48 倍箍筋直径及柱截面短边尺寸中较小者;箍筋应封闭,端部应弯钩或绕纵筋水平弯折 90°,弯折段长度不小于 10d;箍筋应设置在灰缝或灌孔混凝土中。

【例 4-7】 如图 4-17 所示一配筋混凝土砌体柱,截面尺寸 $b \times h = 400\ \text{mm} \times 600\ \text{mm}$,柱的计算高度 $H_0 = 4\ \text{m}$,承受轴心力设计值 $N = 1\,363\ \text{kN}$,采用 MU15 混凝土空心砌块,孔洞率为 46%,Mb7.5 水泥混合砂浆,Cb25 灌孔混凝土,全灌孔砌体,HRB400 级钢筋配筋($f'_y = 360\ \text{N/mm}^2$),施工质量控制等级为 B 级,求竖向钢筋面积 A'_s。

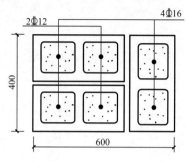

图 4-17 例 4-7 简图

【解】 因该柱为独立柱,查表 2-13 得 $f = 0.7 \times 3.61 = 2.53\ \text{MPa}$;Cb25 混凝土,$f_c = 11.9\ \text{MPa}$,砌体截面面积 $A = 0.4 \times 0.6 = 0.24\ \text{m}^2 > 0.2\ \text{m}^2$,不考虑调整系数。

$$\alpha = \delta\rho = 0.46 \times 1.0 = 0.46$$

则灌孔砌体的抗压强度设计值为

$f_g = f + 0.6\alpha f_c = 2.53 + 0.6 \times 0.46 \times 11.9 = 5.81\ \text{MPa} > 2f = 2 \times 2.53 = 5.06\ \text{MPa}$,取 $f_g = 5.06\ \text{MPa}$

高厚比

$$\beta = \gamma_\beta \frac{H_0}{h} = 1.0 \times \frac{4\,000}{400} = 10$$

$$\varphi_{0g} = \frac{1}{1 + 0.001\beta^2} = \frac{1}{1 + 0.001 \times 10^2} = 0.909$$

$$A'_s = \frac{\dfrac{N}{\varphi_{0g}} - f_g A}{0.8f'_y} = \frac{\dfrac{1\,363 \times 10^3}{0.909} - 5.06 \times 400 \times 600}{0.8 \times 360} = 989.76\ \text{mm}^2$$

选用 $4 \oplus 16 + 2 \oplus 12$,$A'_s = 1\,030\ \text{mm}^2$,$\rho = \dfrac{1\,030}{400 \times 600} = 0.429\% > 0.2\%$,箍筋为 $\oplus 6@200$。

【例 4-8】 如图 4-18 所示一配筋砌块砌体剪力墙,剪力墙长度为 8 m,墙厚为 190 mm,计算高度 $H_0 = 5.6\ \text{m}$,承受轴心力设计值 $N = 400\ \text{kN/m}$,采用 MU10 混凝土空心砌块,孔洞率为 46%,Mb10 水泥混合砂浆、Cb20 灌孔混凝土,灌孔率 $\rho = 0.5$,即隔孔灌芯,纵向钢筋 $\oplus 12@600$,施工质量控制等级为 B 级,试计算该剪力墙承载力是否满足要求。

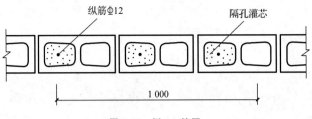

纵筋Φ12　　　　隔孔灌芯

1 000

图 4-18　例 4-8 简图

【解】　查表 2-13 得 $f = 2.79$ MPa

由于剪力墙为连续墙体,剪力墙截面面积 $A > 0.2$ m²,不考虑调整系数。Cb20 混凝土,$f_c = 9.6$ MPa

$$\alpha = \delta\rho = 0.46 \times 0.5 = 0.23$$

则灌孔砌体的抗压强度设计值为

$$f_g = f + 0.6\alpha f_c = 2.79 + 0.6 \times 0.23 \times 9.6 = 4.115 \text{ MPa} < 2f = 2 \times 2.79 = 5.58 \text{ MPa}$$

$$A'_s = \frac{1}{0.6} \times 113.1 = 188.5 \text{ mm}^2/\text{m}, f'_y = 360 \text{ N/mm}^2$$

高厚比　　　　　　$$\beta = \gamma_\beta \frac{H_0}{h} = 1.0 \times \frac{5\ 600}{190} = 29.47$$

$$\varphi_{0g} = \frac{1}{1 + 0.001\beta^2} = \frac{1}{1 + 0.001 \times 29.47^2} = 0.535$$

因该砌块砌体剪力墙未设约束纵向钢筋的抗拉筋,故钢筋项不应计入

$$N = \varphi_{0g}(f_g A + 0.9 f'_y A'_s) = 0.535 \times (4.115 \times 1\ 000 \times 190 + 0)$$
$$= 418.29 \times 10^3 \text{ N} = 418.29 \text{ kN} > N = 400 \text{ kN}$$

满足要求。

【例 4-9】　如图 4-19 所示一配筋砌块墙体,墙截面尺寸 $b \times h = 190$ mm×3 600 mm,高度 3.6 m,承受轴心力设计值 $N = 1\ 345.52$ kN,弯矩设计值 $M = 1\ 089.87$ kN·m,水平剪力设计值 $V = 450$ kN,采用 MU15 混凝土空心砌块,孔洞率为 35%,Mb7.5 水泥混合砂浆,Cb25 灌孔混凝土,灌孔率 $\rho = 0.33$,竖向受拉、受压主筋均为 HRB400 级($f_y = f'_y = 360$ N/mm²),竖向和水平分布钢筋为 HPB300 级($f_y = f'_y = 270$ N/mm²),施工质量控制等级为 B 级,试计算该墙体的配筋。

【解】　(1)强度计算

查表 2-13 得 $f = 3.61$ MPa;Cb25 混凝土,$f_c = 11.9$ MPa

$$\alpha = \delta\rho = 0.35 \times 0.33 = 0.116$$

则灌孔砌体的抗压强度设计值为

$$f_g = f + 0.6\alpha f_c = 3.61 + 0.6 \times 0.116 \times 11.9 = 4.44 \text{ MPa} < 2f = 2 \times 3.61 = 7.22 \text{ MPa}$$

灌孔砌体的抗剪强度设计值为

$$f_{vg} = 0.2 f_g^{0.55} = 0.2 \times 4.44^{0.55} = 0.45 \text{ MPa}$$

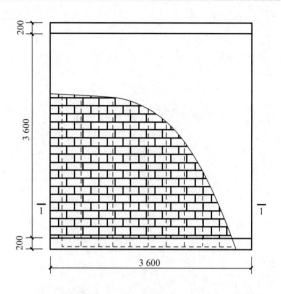

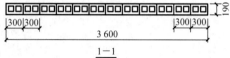

图 4-19 例 4-9 简图

（2）正截面受压承载力计算

墙体的竖向分布钢筋选用 $\phi 10 @300$，其配筋率

$$\rho=\frac{78.5}{190\times300}=0.14\%>0.07\%$$

设暗柱的构造尺寸为 $190\ \text{mm}\times600\ \text{mm}$，故其中心位于 $300\ \text{mm}$ 处，则截面有效高度

$$h_0=h-a_s=3\ 600-300=3\ 300\ \text{mm}$$

为简化计算，令

$$\sum f_{si}A_{si}=(h_0-1.5x)bf_y\rho$$

采用对称配筋，由式（4-21）得

$$x=\frac{N+f_ybh_0\rho}{f_gb+1.5f_yb\rho}=\frac{1\ 345.52\times10^3+360\times190\times3\ 300\times0.001\ 4}{4.44\times190+1.5\times360\times190\times0.001\ 4}=1\ 683\ \text{mm}$$

$$\xi=\frac{x}{h_0}=\frac{1\ 683}{3\ 300}=0.51<\xi_b=0.52$$

故可按大偏心受压构件计算

$$e=\frac{M}{N}=\frac{1\ 089.87\times10^3}{1\ 345.52}=810\ \text{mm}$$

高厚比

$$\beta=\gamma_\beta\frac{H_0}{b}=1.0\times\frac{3\ 600}{190}=18.95$$

由式（4-12）得附加偏心距为

$$e_a=\frac{\beta^2h}{2\ 200}(1-0.022\beta)=\frac{18.95^2\times3\ 600}{2\ 200}(1-0.022\times18.95)=343\ \text{mm}$$

由式(4-10)得

$$e_N = e + e_a + (\frac{h}{2} - a_s) = 810 + 343 + (\frac{3\,600}{2} - 300) = 2\,653 \text{ mm}$$

由式 4-22 得

$$Ne_N \leq f_g bx(h_0 - \frac{x}{2}) + f'_y A'_s(h_0 - a'_s) - \sum f_{si} S_{si}$$

其中

$$\sum f_{si} S_{si} = 0.5(h_0 - 1.5x)^2 b f_y \rho = 0.5 \times (3\,300 - 1.5 \times 1\,683)^2 \times 190 \times 360 \times 0.001\,4$$
$$= 28.8 \times 10^6 \text{ N} \cdot \text{mm} = 28.8 \text{ kN} \cdot \text{m}$$

得

$$A_s = A'_s = \frac{Ne_N + \sum f_{si} S_{si} - f_g bx(h_0 - \frac{x}{2})}{f'_y(h_0 - a'_s)}$$

$$= \frac{1\,345.52 \times 10^3 \times 2\,653 + 28.8 \times 10^6 - 4.44 \times 190 \times 1\,683 \times (3\,300 - \frac{1\,683}{2})}{360 \times (3\,300 - 300)}$$

$$= 100.19 \text{ mm}^2$$

选用 3⌀12,$A_s = A'_s = 339 \text{ mm}^2$

(3)斜截面受剪承载力计算

$0.25 f_g bh_0 = 0.25 \times 4.44 \times 190 \times 3\,300 = 695.97 \times 10^3 \text{ N} = 695.97 \text{ kN} > V = 450 \text{ kN}$

故截面尺寸满足要求。

$$\lambda = \frac{M}{Vh_0} = \frac{1\,089.87 \times 10^6}{450 \times 10^3 \times 3\,300} = 0.73 < 1.5, 取 \lambda = 1.5$$

因 $N > 0.25 f_g bh = 0.25 \times 4.44 \times 190 \times 3\,600 = 759.24 \times 10^3 \text{ N} = 759.24 \text{ kN}$

取 $N = 759.24 \text{ kN}$

由式(4-34)得

$$\frac{A_{sh}}{s} \geq \frac{V - \frac{1}{\lambda - 0.5} \times (0.6 f_{vg} bh_0 + 0.12N\frac{A_w}{A})}{0.9 f_{yh} h_0}$$

$$= \frac{450 \times 10^3 - \frac{1}{1.5 - 0.5} \times (0.6 \times 0.45 \times 190 \times 3\,300 + 0.12 \times 759.24 \times 10^3 \times \frac{190 \times 3\,600}{190 \times 3\,600})}{0.9 \times 270 \times 3\,300}$$

$$= 0.237 \text{ mm}^2/\text{mm}$$

选用 ⌀10,$A_{sh} = 78.5 \text{ mm}^2$

则 $s \leq \frac{A_{sh}}{0.237} = \frac{78.5}{0.237} = 331 \text{ mm}$,故可取 $s = 300 \text{ mm}$,即按 ⌀10@300 配筋。

故两端暗柱(各 3 个孔洞)配 3⌀12,竖向分布钢筋为 ⌀10@300,水平分布钢筋为 ⌀10@300。

本章小结

(1)由于配筋砖砌体可有效地约束砖砌体受压时的横向变形和裂缝的发展,故其承载力和变形能力得到显著提高。网状配筋砖砌体的破坏过程也可分为三个阶段,但受力性能与无筋砌体有着本质的区别。网状配筋砖砌体构件的受压承载力主要与配筋率、高厚比、偏心距等因素有关。当荷载作用的偏心距较大或构件高厚比较大时,不宜采用网状配筋砖砌体构件。

(2)组合砖砌体、砖砌体和钢筋混凝土构造柱组合墙,两种材料的共同工作及应力重分布的结果,也使砌体承载力得到提高。

(3)配筋砌块砌体是在砌块的孔洞内配置一定数量的竖向通长钢筋,并用混凝土灌孔注芯,同时在砌体的水平灰缝内设置水平钢筋或箍筋,竖向和水平钢筋使砌块砌体形成一个共同工作的整体。配筋砌块砌体具有较高的抗拉、抗压和抗剪强度,以及良好的延性和抗震性能,并且造价较低,并逐步应用于大开间和高层建筑结构中。配筋砌块砌体在受力模式上类同于混凝土剪力墙结构。

(4)对配筋砌体构件进行设计时,除满足构件承载力的要求外,还应满足各自的构造要求。

思考题

4-1 网状配筋砖砌体与无筋砖砌体受压特征有何异同?

4-2 什么情况下宜采用网状配筋砖砌体构件? 什么情况下不宜采用?

4-3 为什么在砖砌体的水平灰缝中设置水平钢筋网片可以提高砌体构件的受压承载力?

4-4 什么情况下宜采用组合砖砌体构件?

4-5 组合砖砌体构件和设置构造柱的砖墙分别有哪些构造要求?

4-6 什么是配筋砌块砌体?

习 题

4-1 一轴心受压网状配筋砖柱,截面尺寸 $b \times h = 490$ mm $\times 620$ mm,柱的计算高度 $H_0 = 5.1$ m,采用 MU10 混凝土普通砖和 M7.5 混合砂浆砌筑,施工质量控制等级为 B 级,网状配筋采用 $\phi^P 5$ 消除应力钢丝焊接方格网($A_s = 19.63$ mm^2),钢丝间距 $a = b = 50$ mm,钢丝网竖向间距 $s_n = 240$ mm,$f_y = 1\ 110$ MPa,试计算该砖柱的承载力。

4-2 一网状配筋砖柱,截面尺寸 $b \times h = 370$ mm $\times 740$ mm,柱的计算高度 $H_0 = 5.2$ m,承受轴向力设计值 $N = 205$ kN,沿长边方向的弯矩设计值 $M = 21$ kN·m,采用 MU10 烧结普通砖和 M5 混合砂浆砌筑,施工质量控制等级为 B 级,网状配筋采用 $\phi^P 5$ 消除应力钢丝焊接方格网($A_s = 19.63 \text{ mm}^2$),钢丝间距 $a = b = 60 \text{ mm}$,钢丝网竖向间距 $s_n = 180 \text{ mm}$,$f_y = 1\,100 \text{ MPa}$,试验算该砖柱的承载力。

4-3 一承重横墙,墙厚 240 mm,计算高度 $H_0 = 3.9 \text{ m}$,采用 MU15 蒸压粉煤灰砖和 M7.5 混合砂浆砌筑,承受轴心荷载,施工质量控制等级为 B 级,双面采用钢筋水泥砂浆面层,每边厚 30 mm,砂浆强度等级为 M10,钢筋为 HPB300 级,竖向钢筋采用 φ8 间距 250 mm,水平钢筋采用 φ6 间距 250 mm,求每米横墙所能承受的轴心压力设计值。

4-4 如图 4-20 所示一轴心受压混凝土面层组合砖柱,截面尺寸 $b \times h = 240 \text{ mm} \times 490 \text{ mm}$,柱高为 3.4 m,柱两端为不动铰支座,采用 MU15 混凝土普通砖和 Mb7.5 混合砂浆砌筑,面层混凝土强度等级为 C20($f_c = 9.6 \text{ N/mm}^2$),施工质量控制等级为 B 级,HPB300 级钢筋($f_y = f'_y = 270 \text{ N/mm}^2$),试计算该柱的受压承载力设计值。

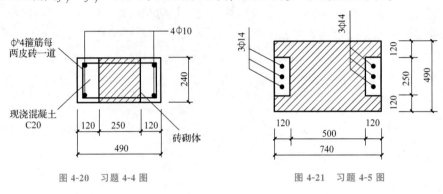

图 4-20 习题 4-4 图   图 4-21 习题 4-5 图

4-5 某车间组合砖柱,如图 4-21 所示,截面尺寸 $b \times h = 490 \text{ mm} \times 740 \text{ mm}$,柱的计算高度 $H_0 = 7.5 \text{ m}$,承受轴向力设计值 $N = 380 \text{ kN}$,沿截面长边方向的弯矩设计值 $M = 110 \text{ kN·m}$,采用 MU10 烧结普通砖和 M5 混合砂浆砌筑,施工质量控制等级为 B 级,混凝土强度等级为 C20($f_c = 9.6 \text{ N/mm}^2$),HPB300 级钢筋对称配筋($f_y = f'_y = 270 \text{ N/mm}^2$),$A_s = A'_s = 461 \text{ mm}^2$,试验算该柱是否安全。

4-6 一砖砌体和钢筋混凝土构造柱组合墙,计算高度 $H_0 = 3.9 \text{ m}$,墙厚 240 mm,采用 MU15 混凝土普通砖、Mb7.5 混合砂浆砌筑,承受轴心荷载,施工质量控制等级为 B 级,沿墙长方向每 1.6 m 设截面尺寸 240 mm × 240 mm 钢筋混凝土构造柱,采用强度等级 C20 混凝土,每根构造柱内配置 4φ12 的 HPB300 级钢筋,求每米横墙所能承受的轴心压力设计值。

4-7 如图 4-16 所示一配筋混凝土砌体柱,截面尺寸 $b \times h = 390 \text{ mm} \times 390 \text{ mm}$,柱高为 3.9 m,两端为不动铰支座,承受轴心压力设计值 $N = 500 \text{ kN}$,采用 MU10 混凝土空心砌块,孔洞率为 0.46,Mb7.5 水泥混合砂浆,Cb20 灌孔混凝土,全灌孔砌体,纵筋 4φ12,箍筋 φ6@200,施工质量控制等级为 B 级,试验算该柱的承载力。

4-8 一配筋混凝土砌块砌体剪力墙,剪力墙长度为 3.8 m,墙厚为 0.19 m,墙高 3 m,承受轴心压力设计值 $N = 4\,247 \text{ kN}$,竖向钢筋配筋如图 4-22 所示(该墙配置有水平分布钢

筋,但未绘出),竖向钢筋采用 HRB400 级。采用 MU20 混凝土空心砌块,孔洞率为 45%,
Mb15 水泥混合砂浆、Cb40 灌孔混凝土,灌孔率 $\rho=0.5$,即隔孔灌芯,施工质量控制等级为
B 级,试计算该剪力墙承载力是否满足要求。

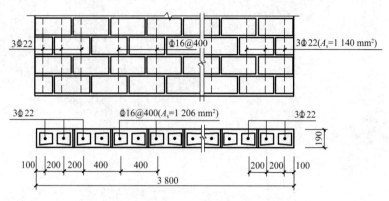

图 4-22 习题 4-8 图

4-9 一配筋混凝土砌块墙体,墙截面尺寸 $b \times h = 190 \text{ mm} \times 4\,600 \text{ mm}$,高度 4.4 m,承受
轴心力设计值 $N = 1\,028 \text{ kN}$,弯矩设计值 $M = 940 \text{ kN} \cdot \text{m}$,水平剪力设计值 $V = 360 \text{ kN}$,采
用 MU15 混凝土空心砌块,孔洞率为 35%,Mb10 水泥混合砂浆,Cb30 灌孔混凝土,灌孔率
$\rho = 0.33$,竖向受拉、受压主筋均为 HRB400 级($f_y = f_y' = 360 \text{ N/mm}^2$),竖向和水平分布钢
筋均为 HPB300 级($f_y = f_y' = 270 \text{ N/mm}^2$),施工质量控制等级为 B 级,试计算该墙体的
配筋。

第5章

混合结构房屋墙体设计

 教学提示

本章叙述了混合结构房屋的结构布置方案及特点;详细讨论了不同空间作用程度的房屋采用的静力计算方案;给出了混合结构房屋墙柱高厚比验算方法;分析了单层、多层房屋在不同静力计算方案时的计算简图、内力计算方法、控制截面的选取,以便进行墙体截面承载力的验算。

教学要求

本章在让学生了解混合结构房屋的结构布置方案及特点的基础上,学会确定房屋静力计算方案,熟练掌握混合结构刚性方案房屋墙体设计计算方法、构造要求、墙柱高厚比验算。

混合结构房屋通常是指屋盖、楼盖等水平承重结构的构件采用钢筋混凝土、轻钢或木材,而墙体、柱、基础等竖向承重结构的构件采用砌体(砖、石、砌块)材料。由于混合结构房屋的墙体材料通常可就地取材,因此混合结构房屋具有造价低的优点,被广泛应用于多层住宅、宿舍、办公楼、中小学教学楼、商店、酒店、食堂等民用建筑中,若采用配筋砌体,还可用于小高层住宅、公寓等;同时,还大量应用于中小型单层及多层工业厂房、仓库等工业建筑中。

在混合结构房屋中,通常将平行于房屋长向布置的墙体称为纵墙;平行于房屋短向布置的墙体称为横墙;房屋四周与外界隔离的墙体称为外墙;外横墙又称为山墙;其余的墙体称为内墙,内墙中仅起隔断作用而不承受楼板荷载的墙称作隔墙,其厚度可适当减小。

混合结构房屋墙体的设计主要包括:结构布置方案、计算简图、荷载统计、内力计算、内力组合、构件截面承载力验算,最后采取相应的构造措施。

5.1 混合结构房屋的结构布置和静力计算方案

5.1.1 混合结构房屋的结构布置方案

混合结构房屋的结构布置方案主要是指承重墙体和柱的布置方案。墙体和柱的布置要满足建筑和结构两方面的要求。根据结构承重体系及竖向荷载传递路线的不同,房屋的结构布置可分为纵墙承重、横墙承重、纵横墙混合承重和内框架承重四种方案。

1.纵墙承重方案

纵墙承重方案是指纵墙直接承受屋面、楼面荷载的结构方案。如图 5-1 所示为某仓库屋面结构布置图,其屋盖为预制屋面大梁或屋架和屋面板。这种方案房屋的竖向荷载的主要传递路线为

板→梁(屋架)→纵墙→基础→地基

这种承重方案的特点是房屋空间较大,平面布置比较灵活。但是由于纵墙上有大梁或屋架,纵墙承受的荷载较大,设置在纵墙上的门窗洞口大小和位置受到一定限制,而且由于横墙数量少,房屋的横向刚度较差,一般适用于单层厂房、仓库、酒店、食堂等建筑。

2.横墙承重方案

由横墙直接承受屋面、楼面荷载的结构方案。如图 5-2 所示为某住宅楼(一个单元)标准层的结构布置图,房间的楼板直接支承在横墙上,纵墙仅承受墙体本身自重。这种方案房屋的竖向荷载的主要传递路线为

楼(屋)面板→横墙→基础→地基

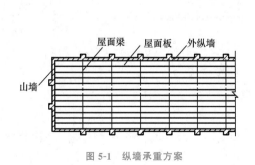

图 5-1 纵墙承重方案

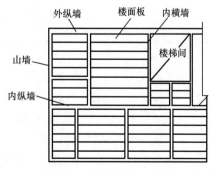

图 5-2 横墙承重方案

这种承重方案的特点是横墙数量多、间距小,房屋的横向刚度大,整体性好;由于纵墙是非承重墙,对纵墙上设置门窗洞口的限制较少,立面处理比较灵活。横墙承重适合于房间大小较固定的宿舍、住宅、旅馆等建筑。

3.纵横墙混合承重方案

当建筑物的功能要求房间的大小变化较多时,为了结构布置的合理性,通常采用纵横墙混合承重方案,如图 5-3 所示。这种方案房屋的竖向荷载的主要传递路线为

$$楼(屋)面板 \rightarrow \left\{ \begin{array}{l} 梁 \rightarrow 纵墙 \\ 横墙或纵墙 \end{array} \right\} \rightarrow 基础 \rightarrow 地基$$

这种承重方案的特点是既可保证有灵活布置的房间,又具有较大的空间刚度和整体性,所以适用于办公楼、教学楼、医院等建筑。

4.内框架承重方案

内框架承重方案由房屋内部的钢筋混凝土框架和外部的砖墙、砖柱组成,如图 5-4 所示,该结构布置为楼板铺设在梁上,梁两端支承在外纵墙上,中间支承在柱上。这种方案房屋的竖向荷载的主要传递路线为

$$楼(屋)面板 \rightarrow 梁 \rightarrow \left\{ \begin{array}{l} 外纵墙 \rightarrow 外纵墙基础 \\ 柱 \rightarrow 柱基础 \end{array} \right\} \rightarrow 地基$$

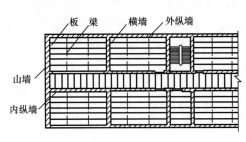

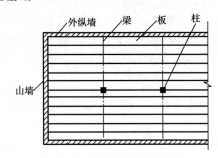

图 5-3 纵横墙混合承重方案   图 5-4 内框架承重方案

这种承重方案的特点是平面布置灵活,有较大的使用空间,但横墙较少,房屋的空间刚度较差。另外由于竖向承重构件材料不同,基础形式亦不同,因此施工较复杂,易引起地基不均匀沉降。内框架承重方案一般适用于多层工业厂房、仓库和商店等建筑。

5.1.2 混合结构房屋的静力计算方案

混合结构房屋

确定房屋的静力计算方案,实际上就是通过对房屋空间工作情况进行分析,根据房屋空间刚度的大小确定墙、柱设计时的结构计算简图。确定房屋的静力计算方案非常重要,是关系到墙、柱的构造要求和承载力计算方法的重要根据。

1.房屋的空间工作情况

混合结构房屋中的屋盖、楼盖、墙柱和基础共同组成一个空间结构体系,承受作用在房屋上的竖向荷载和水平荷载。

现以受风荷载作用的单层房屋为例来分析混合结构房屋的空间工作性能。如图 5-5 所示为一单层房屋,外纵墙承重,屋盖为装配式钢筋混凝土楼盖,两端没有设置山墙,中间也没设置横墙。

该房屋的水平风荷载传递路线为

$$风荷载 \rightarrow 纵墙 \rightarrow 纵墙基础 \rightarrow 地基$$

假定外纵墙的窗口是有规律的均匀排列,则在水平风荷载作用下,整个房屋的墙顶水平位移是相同的(用 u_p 表示)。如果从其中任意两个窗口中线取出一个单元,显然这个单元的受力状态和整个房屋的受力状态相同。所以,可以用这个单元的受力状态来代表整个房屋的受力状态,这个单元称为计算单元。荷载作用下的顶点水平位移 u_p 主要取决于纵墙刚度,屋盖结构的刚度则保证水平荷载传递时,两侧墙体的位移相同,因此可以把计算单元的纵墙比拟为排架柱,屋盖结构比拟为横梁,基础看作柱的固定支座,屋盖结构和墙顶的连接点可视为铰接,则计算单元可按平面排架计算。

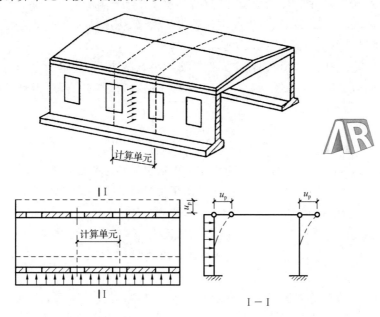

图 5-5　两端无山墙的单层房屋

当房屋两端有山墙时,由于两端山墙的约束,其传力途径发生了变化。在均匀的水平荷载作用下,整个房屋墙顶的水平位移不再相同,且沿房屋纵向变化,如图 5-6 所示。其原因是水平风荷载不仅仅是在纵墙和屋盖组成的平面排架内传递,而且还通过屋盖平面和山墙平面进行传递,即组成了空间受力体系。事实上,山墙可看作是支承在地基上的悬臂柱,而屋盖可看作水平方向的梁支承在两端山墙上,其跨度等于两山墙间的距离,纵墙则成为竖立的柱,底部支承在基础上,顶部支承在屋盖上。此时风荷载的传递路线为

$$风荷载 \rightarrow 纵墙 \rightarrow \left\{ \begin{array}{l} 纵墙基础 \\ 屋盖结构 \rightarrow 山墙 \rightarrow 山墙基础 \end{array} \right\} \rightarrow 地基$$

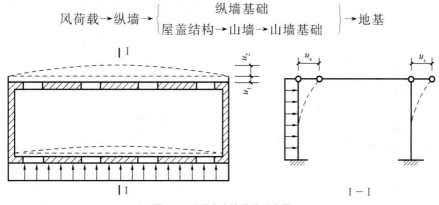

图 5-6　两端有山墙的单层房屋

这时,纵墙顶部的水平位移 u_s 不仅与纵墙本身刚度有关,而且与屋盖结构水平刚度和山墙的刚度有很大的关系。因此纵墙顶部水平位移 u_s 可表示为

$$u_s = u_1 + u_2 \leqslant u_p$$

式中 u_1——山墙顶面水平位移,其大小取决于山墙刚度,山墙刚度越大,u_1 越小;

u_2——屋盖平面内产生的弯曲变形,其大小取决于屋盖刚度及横(山)墙间距,屋盖刚度越大,横(山)墙间距越小,u_2 越小。

以上分析表明,由于山墙或横墙的存在,改变了水平荷载的传递路线,使房屋有了空间作用。而且两端山墙的距离越近或增加越多的横墙,房屋的水平刚度越大,房屋的空间作用越大,即空间工作性能越好,则水平位移 u_s 越小。

房屋空间作用的大小可以用空间性能影响系数 η 表示,假定屋盖为在水平面内支承于横墙上的剪切型弹性地基梁,纵墙(柱)为弹性地基,由理论分析可得到空间性能影响系数 η 为

$$\eta = \frac{u_s}{u_p} = 1 - \frac{1}{\mathrm{ch}ks} \leqslant 1 \qquad (5\text{-}1)$$

式中 u_s——考虑空间工作时,外荷载作用下房屋排架水平位移的最大值;

u_p——外荷载作用下,平面排架的水平位移值;

s——横墙间距;

k——弹性系数,取决于屋盖刚度,与屋(楼)盖类别有关。根据理论分析和工程经验,对于 1 类屋盖,取 $k=0.03$;对于 2 类屋盖,取 $k=0.05$;对于 3 类屋盖,取 $k=0.065$。

η 值越大,表明整体房屋的水平位移与平面排架的位移越接近,即房屋的空间作用越小;反之,η 值越小,表明房屋的水平位移越小,即房屋的空间作用越大。因此,η 又称为考虑空间作用后的位移折减系数。

不同类别的屋盖或楼盖在不同的横墙间距下,房屋各层的空间性能影响系数 η_i 可按表 5-1 采用。其中 η_i 值最大为 0.82,当 $\eta_i > 0.82$ 时,近似取 $\eta_i \approx 1$;η_i 值最小为 0.33,当 $\eta_i < 0.33$ 时,近似取 $\eta_i \approx 0$。

表 5-1 房屋各层的空间性能影响系数 η_i

屋盖或楼盖类别	横墙间距 s/m														
	16	20	24	28	32	36	40	44	48	52	56	60	64	68	72
1	—	—	—	—	0.33	0.39	0.45	0.50	0.55	0.60	0.64	0.68	0.71	0.74	0.77
2	—	0.35	0.45	0.54	0.61	0.68	0.73	0.78	0.82	—	—	—	—	—	—
3	0.37	0.49	0.60	0.68	0.75	0.81	—	—	—	—	—	—	—	—	—

注:i 取 $1 \sim n$,n 为房屋的层数。

2. 房屋的静力计算方案

《规范》根据房屋空间刚度的大小把房屋的静力计算方案分为刚性方案、弹性方案和刚弹性方案三种。

(1)刚性方案

当横墙间距小、楼盖或屋盖水平刚度较大时,则房屋的空间刚度也较大,在水平荷载作用

下,房屋顶端的水平位移很小,可以忽略不计,这类房屋称为刚性方案房屋。在确定墙柱的计算简图时,将承重墙柱视为一根竖向构件,屋盖或楼盖作为墙柱的不动铰支座,如图5-7(a)所示。通过计算分析,当房屋的空间性能影响系数 $\eta < 0.33$ 时,均可按刚性方案计算。

(2)弹性方案

当房屋的横墙间距较大,楼盖或屋盖水平刚度较小,则在水平荷载作用下,房屋顶端的水平位移很大,接近于平面结构体系,这类房屋称为弹性方案房屋。故在确定墙柱的计算简图时,就不能把楼盖或屋盖视为墙柱的不动铰支承,而应视为可以自由位移的悬臂端,按平面排架计算墙柱的内力,如图5-7(b)所示。当房屋的空间性能影响系数 $\eta > 0.77$ 时,均可按弹性方案计算。

(3)刚弹性方案

房屋的空间刚度介于刚性方案和弹性方案之间,其楼盖或屋盖具有一定的水平刚度,横墙间距不太大,能起一定的空间作用,在水平荷载作用下,房屋顶端水平位移较弹性方案的水平位移小,但又不可忽略不计,这类房屋称为刚弹性方案房屋。刚弹性方案房屋的墙柱内力计算应按屋盖或楼盖处具有弹性支承的平面排架计算,如图5-7(c)所示。当房屋的空间性能影响系数 $0.33 \leqslant \eta \leqslant 0.77$ 时,均可按刚弹性方案计算。

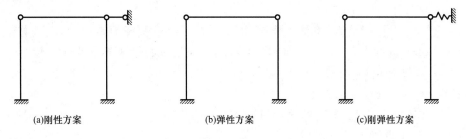

(a)刚性方案　　　　　　　(b)弹性方案　　　　　　　(c)刚弹性方案

图5-7 三种计算静力方案计算简图

影响房屋空间性能的因素很多,除上述的屋盖刚度和横墙间距外,还有屋架的跨度、排架的刚度、荷载类型及多层房屋层与层之间的相互作用等。《规范》为方便计算,仅考虑屋盖刚度和横墙间距两个主要因素的影响,按房屋空间刚度(作用)大小,将砌体结构房屋静力计算方案分为三种,见表5-2。

表 5-2　　　　　　　　　　　砌体结构房屋静力计算方案

	屋盖或楼盖类别	刚性方案	刚弹性方案	弹性方案
1	整体式、装配整体式和装配式有檩体系钢筋混凝土屋盖或钢筋混凝土楼盖	$s < 32$	$32 \leqslant s \leqslant 72$	$s > 72$
2	装配式有檩体系钢筋混凝土屋盖、轻钢屋盖和有密铺望板的木屋盖或木楼盖	$s < 20$	$20 \leqslant s \leqslant 48$	$s > 48$
3	瓦材屋面的木屋盖和轻钢屋盖	$s < 16$	$16 \leqslant s \leqslant 36$	$s > 36$

注:1. 表中 s 为房屋横墙间距,其长度单位为 m。

　　2. 当屋盖、楼盖类别不同或横墙间距不同时,可按《规范》第4.2.7条的规定确定房屋的静力计算方案。

　　3. 对无山墙或伸缩缝处无横墙的房屋,应按弹性方案考虑。

需要注意的是,从表5-2中可以看出,横墙间距是确定房屋静力计算方案的一个重要条件,因此作为刚性和刚弹性方案房屋的横墙,《规范》规定应符合下列要求:

①横墙中开有洞口时,洞口的水平截面面积不应超过横墙截面面积的50%。

②横墙的厚度不宜小于 180 mm。

③单层房屋的横墙长度不宜小于其高度,多层房屋的横墙长度不宜小于 $H/2$(H 为横墙总高度)。

当横墙不能同时符合上述要求时,应对横墙的刚度进行验算。如其最大水平位移值 $\mu_{\max}$ ≤$H/4\,000$ 时,仍可视作刚性或刚弹性方案房屋的横墙。

单层房屋横墙在水平集中力 P_1 作用下的最大水平位移 $u_{\max}$,由弯曲变形和剪切变形两部分组成,横墙的计算简图如图 5-8 所示,$u_{\max}$ 可按下式计算

$$u_{\max}=\frac{P_1H^3}{3EI}+\frac{\tau}{G}H=\frac{nPH^3}{6EI}+\frac{2.5nPH}{EA} \tag{5-2}$$

式中　P_1——作用于横墙顶端的水平集中力,$P_1=nP/2$,且 $P=W+R$;

　　　n——与该横墙相邻的两横墙的开间数(图 5-8);

　　　W——每开间中作用于屋架下弦,由屋面风荷载(包括屋盖下弦以上一段女儿墙上的风荷载)产生的集中力;

　　　R——假定排架无侧移时,每开间柱顶反力;

　　　H——横墙高度;

　　　E——砌体的弹性模量;

　　　I——横墙截面惯性矩,为简化计算,近似地取横墙毛截面惯性矩,当横墙与纵墙连接时可按 I 形或 ⊏ 形截面计算,与横墙共同工作的纵墙部分的计算长度 s,每边近似地取 $s=0.3H$;

　　　τ——水平截面上的剪应力,$\tau=\zeta P/A$;

　　　ζ——应力分布不均匀系数,可近似取 $\zeta=2.0$;

　　　G——砌体的剪变模量,$G=0.4E$;

　　　A——横墙水平截面面积。

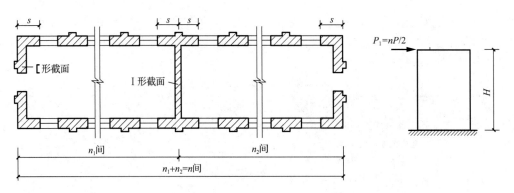

图 5-8　单层房屋横墙计算简图

多层房屋也可仿照上述方法进行计算,$u_{\max}$ 计算公式为

$$u_{\max}=\frac{n}{6EI}\sum_{i=1}^{m}P_iH_i^3+\frac{2.5n}{EA}\sum_{i=1}^{m}P_iH_i \tag{5-3}$$

式中　m——房屋总层数;

　　　P_i——假定每开间框架各层均为不动铰支座时,第 i 层的支座反力;

　　　H_i——第 i 层楼面至基础顶面的高度。

5.2 墙柱高厚比验算

混合结构房屋中的墙、柱均是受压构件,除了应满足承载力的要求外,还必须保证其稳定性,《规范》规定,用验算墙、柱高厚比的方法来保证在施工和使用阶段墙、柱的稳定性,即要求墙、柱高厚比不超过允许高厚比。

高厚比验算包括两方面,一是允许高厚比的限值;二是墙、柱实际高厚比的确定。

5.2.1 墙柱的计算高度

对墙、柱进行承载力计算或验算高厚比时所采用的高度,称为计算高度。它是由墙、柱的实际高度 H,并根据房屋类别和构件支承条件来确定的。《规范》规定,受压构件的计算高度 H_0 可按表 5-3 采用。

表 5-3 　受压构件的计算高度 H_0

房屋类别			柱		带壁柱墙或周边拉结的墙		
			排架方向	垂直排架方向	$s>2H$	$2H \geqslant s>H$	$s \leqslant H$
有吊车的单层房屋	变截面柱上段	弹性方案	$2.5H_u$	$1.25H_u$	$2.5H_u$		
		刚性、刚弹性方案	$2.0H_u$	$1.25H_u$	$2.0H_u$		
	变截面柱下段		$1.0H_l$	$0.8H_l$	$1.0H_l$		
无吊车的单层和多层房屋	单跨	弹性方案	$1.5H$	$1.0H$	$1.5H$		
		刚弹性方案	$1.2H$	$1.0H$	$1.2H$		
	多跨	弹性方案	$1.25H$	$1.0H$	$1.25H$		
		刚弹性方案	$1.10H$	$1.0H$	$1.1H$		
	刚性方案		$1.0H$	$1.0H$	$1.0H$	$0.4s+0.2H$	$0.6s$

注:1. 表中 H_u 为变截面柱的上段高度; H_l 为变截面柱的下段高度;

2. 对于上段为自由端的构件, $H_0=2H$;

3. 独立砖柱,当无柱间支承时,柱在垂直排架方向的 H_0 应按表中数值乘以 1.25 后采用;

4. s 为房屋横墙间距;

5. 自承重墙的计算高度应根据周边支承或拉接条件确定。

表中的构件高度 H 应按下列规定采用:

①在房屋底层,为楼板顶面到构件下端支点的距离。下端支点的位置,可取在基础顶面。当埋置较深且有刚性地坪时,可取室外地面下 500 mm 处。

②在房屋其他层,为楼板或其他水平支点间的距离。

③对于无壁柱的山墙,可取层高加山墙尖高度的 1/2;对于带壁柱的山墙可取壁柱处的

山墙高度。

对有吊车的房屋,当荷载组合不考虑吊车作用时,变截面柱上段的计算高度可按表 5-3 规定采用;变截面柱下段的计算高度可按下列规定采用:

①当 $H_u/H \leqslant 1/3$ 时,取无吊车房屋的 H_0;

②当 $1/3 < H_u/H < 1/2$ 时,取无吊车房屋的 H_0 乘以修正系数 μ;其中 $\mu = 1.3 - 0.3I_u/I_l$,I_u 为变截面柱上段的惯性矩,I_l 为变截面柱下段的惯性矩;

③当 $H_u/H \geqslant 1/2$ 时,取无吊车房屋的 H_0;但在确定 β 值时,应采用上柱截面。

5.2.2 允许高厚比及影响高厚比的因素

1.允许高厚比

墙、柱高厚比的限值称允许高厚比,用 $[\beta]$ 表示。允许高厚比 $[\beta]$ 主要取决于一定时期内材料的质量和施工水平,其取值是根据实践经验确定的。而砂浆的强度等级直接影响砌体的弹性模量,进而影响墙、柱稳定性。《规范》按砌体类型和砂浆强度等级的大小规定了无洞口的承重墙、柱的允许高厚比 $[\beta]$,见表 5-4。

表 5-4 墙、柱的允许高厚比 $[\beta]$ 值

砌体类型	砂浆强度	墙	柱
无筋砌体	M2.5	22	15
	M5.0 或 Mb5.0、Ms5.0	24	16
	≥M7.5 或 Mb7.5、Ms7.5	26	17
配筋砌块砌体	—	30	21

注:1.毛石墙、柱的允许高厚比应按表中数值降低 20%;

2.带有混凝土或砂浆面层的组合砖砌体构件的允许高厚比,可按表中数值提高 20%,但不得大于 28;

3.验算施工阶段砂浆尚未硬化的新砌砌体构件高厚比时,允许高厚比对墙取 14,对柱取 11。

2.影响高厚比的因素

影响墙、柱高厚比 $[\beta]$ 的因素比较复杂,难以用理论公式来推导。《规范》给出的验算方法是综合考虑以下各种因素确定的。

（1）砂浆强度等级

砂浆强度直接影响砌体的弹性模量,而砌体弹性模量的大小又直接影响砌体的刚度。所以砂浆强度是影响允许高厚比的重要因素,砂浆强度越高,允许高厚比亦相应增大。

（2）砌体类型

毛石墙比一般砌体墙刚度差,允许高厚比要降低,而组合砌体由于钢筋混凝土的刚度好,允许高厚比可提高。

（3）砌体截面刚度

截面惯性矩越大,稳定性则越好。当墙上门窗洞口削弱较多时,允许高厚比值降低,可通过允许高厚比修正系数来考虑。

（4）横墙间距

横墙间距越小,墙体稳定性和刚度越好。高厚比验算时用改变墙体的计算高度来考虑

这一因素。

(5)构造柱间距及截面

构造柱间距越小,截面越大,对墙体的约束作用越大,因此墙体稳定性越好,允许高厚比可提高。通过修正系数考虑。

(6)构件重要性和房屋使用情况

对次要构件,如自承重墙允许高厚比可以增大,通过修正系数考虑;对于使用时有振动的房屋则应酌情降低。

(7)支承条件

刚性方案房屋的墙柱在屋盖和楼盖支承处假定为不动铰支座,刚性好;而弹性和刚弹性房屋的墙柱在屋(楼)盖处侧移较大,稳定性差。验算时用改变其计算高度来考虑这一因素。

5.2.3 墙、柱的高厚比验算

1. 一般墙、柱的高厚比验算

$$\beta = \frac{H_0}{h} \leqslant \mu_1 \mu_2 [\beta] \tag{5-4}$$

式中 H_0——墙、柱的计算高度,按表5-3采用;

h——墙厚或矩形柱与 H_0 相对应的边长;

$[\beta]$——墙、柱的允许高厚比,按表5-4采用。

μ_1——自承重墙允许高厚比的修正系数;厚度 $h \leqslant 240\ \text{mm}$ 的自承重墙,允许高厚比修正系数 μ_1 应按下列规定采用:当 $h = 240\ \text{mm}$ 时,$\mu_1 = 1.2$;当 $h = 90\ \text{mm}$ 时,$\mu_1 = 1.5$;

当 $240\ \text{mm} > h > 90\ \text{mm}$ 时,μ_1 按插入法取值。

上端为自由端墙的允许高厚比,除按上述规定提高外,尚可提高30%。

对于厚度小于90 mm的墙,当双面采用不低于 M10 的水泥砂浆抹面,包括抹面层的墙厚不小于90 mm时,可按墙厚等于90 mm验算高厚比。

μ_2——有门窗洞口墙允许高厚比的修正系数,应按下式计算

$$\mu_2 = 1 - 0.4 \frac{b_s}{s} \tag{5-5}$$

式中 b_s——在宽度 s 范围内的门窗洞口总宽度(图5-9);

s——相邻横墙或壁柱之间的距离。

当按式(5-5)计算的 μ_2 的值小于0.7时,μ_2 取0.7;当洞口高度小于或等于墙高的1/5时,μ_2 取1.0;当洞口高度大于或等于墙高的4/5时,可按独立墙段验算高厚比。

当与墙连接的相邻两墙间的距离 $s \leqslant \mu_1 \mu_2 [\beta] h$ 时,墙的高度可不受式(5-4)的限制;变截面柱的高厚比可按上、下截面分别验算,其计算高度可按表5-3及其有关规定采用。验算上柱的高厚比时,墙、柱的允许高厚比可按表5-4的数值乘以1.3后采用。

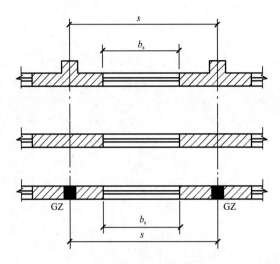

图 5-9　门窗洞口宽度示意图

2. 带壁柱墙的高厚比验算

（1）整片墙的高厚比验算

$$\beta = \frac{H_0}{h_{\mathrm{T}}} \leqslant \mu_1 \mu_2 [\beta] \tag{5-6}$$

式中　h_{T}——带壁柱墙截面的折算厚度，$h_{\mathrm{T}} = 3.5i$；

　　　i——带壁柱墙截面的回转半径，$i = \sqrt{I/A}$；

　　　I、A——带壁柱墙截面的惯性矩、截面面积。

当确定带壁柱墙的计算高度 H_0 时，s 应取相邻横墙间的距离 s_{w}，如图 5-10 所示；在确定截面回转半径 i 时，带壁柱墙的计算截面翼缘宽度 b_{f} 可按下列规定采用：

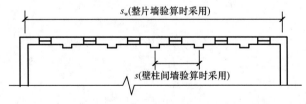

图 5-10　带壁柱墙验算图

①多层房屋，当有门窗洞口时，可取窗间墙宽度；当无门窗洞口时，每侧翼墙宽度可取壁柱高度（层高）的 1/3，但不应大于相邻壁柱间的距离。

②单层房屋，可取壁柱宽加 2/3 墙高，但不大于窗间墙宽度和相邻壁柱间距离。

③计算带壁柱墙的条形基础时，可取相邻壁柱间的距离。

（2）壁柱间墙的高厚比验算

壁柱间墙的高厚比可按无壁柱墙计算公式式（5-4）进行验算。此时可将壁柱视为壁柱间墙的不动铰支座。因此计算 H_0 时，s 应取相邻壁柱间的距离，而且不论带壁柱墙体的房屋的静力计算采用何种计算方案，H_0 一律按表 5-3 中的刚性方案取用。

3. 带构造柱墙的高厚比验算

（1）整片墙的高厚比验算

$$\beta = \frac{H_0}{h_T} \leqslant \mu_1 \mu_2 \mu_c [\beta] \tag{5-7}$$

式中 μ_c——带构造柱墙允许高厚比$[\beta]$提高系数，可按下式计算

$$\mu_c = 1 + \gamma \frac{b_c}{l} \tag{5-8}$$

式中 γ——系数，对细料石砌体 $\gamma=0$，对混凝土砌块、混凝土多孔砖、粗料石、毛料石及毛石砌体 $\gamma=1.0$，其他砌体 $\gamma=1.5$；

b_c——构造柱沿墙长方向的宽度；

l——构造柱的间距。

当 $b_c/l > 0.25$ 时，取 $b_c/l = 0.25$；当 $b_c/l < 0.05$ 时，取 $b_c/l = 0$。

由于在施工过程中大多是采用先砌筑墙体后浇注构造柱，因此考虑构造柱有利作用的高厚比验算不适用于施工阶段，并应注意采取措施保证构造柱在施工阶段的稳定性。

（2）构造柱间墙的高厚比验算

构造柱间墙的高厚比仍可按式（5-4）进行验算。此时可将构造柱视为壁柱间墙的不动铰支座。因此计算 H_0 时，s 应取相邻壁柱间的距离，而且不论带构造柱墙体的房屋的静力计算采用何种计算方案，H_0 一律按表5-3中的刚性方案取用。

设有钢筋混凝土圈梁的带壁柱墙或带构造柱墙，当 $b/s \geqslant 1/30$ 时，圈梁可视作壁柱间墙或构造柱间墙的不动铰支点（b 为圈梁宽度）。这是由于圈梁的水平刚度较大，能够限制壁柱间墙或构造柱间墙的侧向变形的缘故。当不满足上述条件且不允许增加圈梁宽度时，可按墙体平面外等刚度原则增加圈梁高度，此时，圈梁仍可视为壁柱间墙或构造柱间墙的不动铰支点。

【例5-1】 某混合结构办公楼底层平面图如图5-11所示，采用装配式钢筋混凝土楼（屋）盖，外墙厚370 mm，内纵墙与横墙厚240 mm，隔墙厚120 mm，底层墙高 $H=4.5$ m（从基础顶面算起），隔墙高 $H=3.5$ m。承重墙采用M5混合砂浆；隔墙采用M2.5混合砂浆。试验算底层墙的高厚比。

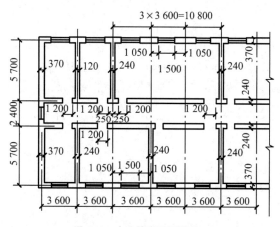

图 5-11 办公楼底层平面图

【解】 (1)确定静力计算方案

最大横墙间距 $s=3.6\times3=10.8$ m<32 m,查表 5-2 属刚性方案。

(2)外纵墙高厚比验算

$s=3.6\times3=10.8$ m$>2H=2\times4.5=9$ m,查表 5-3,计算高度 $H_0=1.0H=4.5$ m。

砂浆强度等级 M5,查表 5-4 得允许高厚比$[\beta]=24$。外墙为承重墙,故 $\mu_1=1.0$。

$$\mu_2=1-0.4\frac{b_s}{s}=1-0.4\times\frac{1.5}{3.6}=0.833>0.7$$

$$\beta=\frac{H_0}{h}=\frac{4.5}{0.37}=12.16<\mu_1\mu_2[\beta]=1.0\times0.833\times24=19.99$$

满足要求。

(3)内纵墙高厚比验算

内纵墙为承重墙,故

$$\mu_1=1.0$$

$$\mu_2=1-0.4\frac{b_s}{s}=1-0.4\times\frac{2\times1.2}{3\times3.6}=0.911>0.7$$

$$\beta=\frac{H_0}{h}=\frac{4.5}{0.24}=18.75<\mu_1\mu_2[\beta]=1.0\times0.911\times24=21.86$$

满足要求。

(4)内横墙高厚比验算

纵墙间距 $s=5.7$ m,$H=4.5$ m,所以 $H<s<2H$。

查表 5-3,计算高度

$$H_0=0.4s+0.2H=0.4\times5.7+0.2\times4.5=3.18 \text{ m}$$

内横墙为承重墙且无洞口,故 $\mu_1=1.0$,$\mu_2=1.0$。

$$\beta=\frac{H_0}{h}=\frac{3.18}{0.24}=13.25<\mu_1\mu_2[\beta]=1.0\times1.0\times24=24$$

满足要求。

(5)隔墙高厚比验算

隔墙一般后砌在地面垫层上,上端用斜放立砖顶住楼板,故应按顶端为不动铰支承点考虑。

如隔墙与纵墙同时砌筑,则 $s=5.7$ m,$H=3.5$ m,$H<s<2H$。

查表 5-3,计算高度

$$H_0=0.4s+0.2H=0.4\times5.7+0.2\times3.5=2.98 \text{ m}$$

隔墙为非承重墙,厚 $h=120$ mm,内插得 $\mu_1=1.44$,隔墙上未开洞 $\mu_2=1.0$。

砂浆强度等级 M2.5,查表 5-4 得允许高厚比$[\beta]=22$,故

$$\beta=\frac{H_0}{h}=\frac{2.98}{0.12}=24.83<\mu_1\mu_2[\beta]=1.44\times1.0\times22=31.68$$

满足要求。

如隔墙为后砌墙,与两端纵墙无拉结作用,可按 $s>2H$ 查表 5-3 求计算高度,此时 $H_0=1.0H=3.5$ m,故

$$\beta=\frac{H_0}{h}=\frac{3.5}{0.12}=29.17<\mu_1\mu_2[\beta]=1.44\times1.0\times22=31.68$$

满足要求。

【例5-2】 某单层无吊车厂房,全长42 m,宽12 m,层高4.5 m,如图5-12所示,四周墙体采用MU15混凝土普通砖和Mb5砂浆砌筑,装配式有檩体系钢筋混凝土屋盖。试验算外纵墙和山墙高厚比。

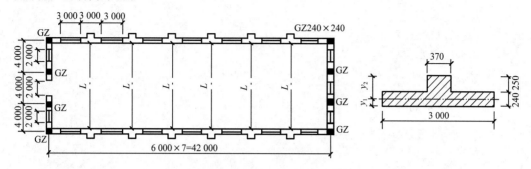

图5-12 仓库平面图、壁柱墙截面

【解】 (1)确定静力计算方案

该仓库属二类屋盖,两端山墙(横墙)间距$s=42$ m,查表5-2,20 m$<s<$48 m,属刚弹性方案。壁柱下端嵌固于室内地面以下0.5 m处,墙的高度$H=4.5+0.5=5$ m,砂浆强度等级Mb5,查表5-4得允许高厚比$[\beta]=24$。

(2)带壁柱外纵墙高厚比验算

①带壁柱墙截面几何特征的计算

截面面积 $A=240\times3\ 000+370\times250=8.125\times10^5$ mm^2

形心位置 $y_1=\dfrac{3\ 000\times240\times120+250\times370\times(240+250/2)}{8.125\times10^5}=148$ mm

$$y_2=240+250-148=342\ \text{mm}$$

惯性矩 $I=\dfrac{3\ 000\times148^3}{3}+\dfrac{370\times342^3}{3}+\dfrac{(3\ 000-370)\times(240-148)^3}{3}=$

8.86×10^9 mm^4

回转半径 $i=\sqrt{I/A}=\sqrt{8.86\times10^9/(8.125\times10^5)}=104$ mm

折算厚度 $h_T=3.5i=3.5\times104=364$ mm

②整片纵墙的高厚比验算

查表5-3,计算高度

$$H_0=1.2H=1.2\times5=6\ \text{m}$$

$$\mu_2=1-0.4\frac{b_s}{s}=1-0.4\times\frac{3}{6}=0.8>0.7$$

外墙为承重墙,故$\mu_1=1.0$。

$$\beta=\frac{H_0}{h_T}=\frac{6}{0.364}=16.48<\mu_1\mu_2[\beta]=1.0\times0.8\times24=19.2$$

满足要求。

③壁柱间墙的高厚比验算

$s=6$ m,$H=5$ m,$H<s<2H$。

查表5-3,计算高度

$$H_0 = 0.4s + 0.2H = 0.4 \times 6 + 0.2 \times 5 = 3.4 \text{ m}$$

$$\beta = \frac{H_0}{h} = \frac{3.4}{0.24} = 14.17 < \mu_1 \mu_2 [\beta] = 1.0 \times 0.8 \times 24 = 19.2$$

满足要求。

（3）山墙高厚比验算

①整片墙的高厚比验算

纵墙间距 $s = 4 \times 3 = 12$ m < 32 m，查表 5-2 属刚性方案。山墙截面为厚 240 mm 的矩形截面，但设置了钢筋混凝土构造柱，$b_c / l = \frac{240}{4\ 000} = 0.06 > 0.05$，$s = 12$ m $> 2H = 2 \times 5 = 10$ m，查表 5-3，计算高度 $H_0 = 1.0H = 5$ m。

$$\mu_2 = 1 - 0.4 \frac{b_s}{s} = 1 - 0.4 \times \frac{2}{4} = 0.8 > 0.7$$

$$\mu_c = 1 + \gamma \frac{b_c}{l} = 1 + 1.5 \times 0.06 = 1.09$$

$$\beta = \frac{H_0}{h} = \frac{5}{0.24} = 20.83 < \mu_1 \mu_2 \mu_c [\beta] = 1.0 \times 0.8 \times 1.09 \times 24 = 20.93$$

满足要求。

②构造柱间墙的高厚比验算

构造柱间距 $s = 4$ m $< H = 5$ m，查表 5-3，计算高度 $H_0 = 0.6s = 0.6 \times 4 = 2.4$ m。

$$\mu_2 = 1 - 0.4 \frac{b_s}{s} = 1 - 0.4 \times \frac{2}{4} = 0.8 > 0.7$$

$$\beta = \frac{H_0}{h} = \frac{2.4}{0.24} = 10 < \mu_1 \mu_2 [\beta] = 1.0 \times 0.8 \times 24 = 19.2$$

满足要求。

5.3 刚性方案房屋墙体的设计计算

5.3.1 单层刚性方案房屋承重纵墙的计算

单层刚性方案房屋承重纵墙计算时，一般应取荷载较大、截面削弱最多且具有代表性的一个开间作为计算单元。由于结构的空间作用，房屋纵墙顶端的水平位移很小，在做内力分析时认为水平位移为零。

1.计算简图

在结构简化为计算简图的过程中，考虑了下列假定：

①纵墙、柱下端在基础顶面处固接，上端与屋面大梁（或屋架）铰接；

②屋盖结构可作为纵墙上端的不动铰支座。

根据上述假定,其计算简图为无侧移的平面排架,如图 5-13(b)所示,每片纵墙均可以按上端支承在不动铰支座和下端支承在固定支座上的竖向构件单独进行计算,使计算简化,如图 5-13(c)所示。

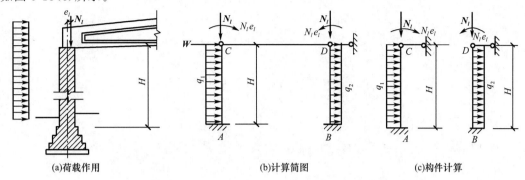

图 5-13　单层刚性方案房屋承重纵墙的计算简图

2. 荷载计算

(1)屋面荷载

屋面荷载包括屋面构件的自重、屋面活荷载或雪荷载,有的还有积灰荷载,这些荷载通过屋架或屋面大梁以集中力的形式作用于墙体顶端。通常情况下,屋架或屋面大梁传至墙体顶端的集中力 N_l 的作用点对墙体中心线有一个偏心距 e_l,如图 5-13(a)所示,所以作用于墙体顶端的屋面荷载由轴心压力 N_l 和 $M=N_le_l$ 组成。

(2)风荷载

由作用于屋面上和墙面上的风荷载两部分组成。屋面上的风荷载(包括作用在女儿墙上的风荷载)一般简化为作用于墙、柱顶端的集中荷载 W,对于刚性方案房屋,W 直接通过屋盖传至横墙,再由横墙传至基础后传给地基。墙面上的风荷载为均布荷载,应考虑两种风向,即按迎风面(压力)q_1、背风面(吸力)q_2 分别考虑,如图 5-13(b)所示。

(3)墙体自重

墙体自重包括砌体、内外粉刷及门窗的自重,作用于墙体的轴线上。当墙、柱为等截面时,自重不引起弯矩;当墙、柱为变截面时,上阶柱自重 G_1 对下阶柱各截面产生弯矩 $M_1=G_1e_1$(e_1 为上、下阶柱轴线间距离)。因 M_1 在施工阶段就已经存在,故应按悬臂构件计算。

3. 内力计算

(1)屋面荷载作用

在屋面荷载下,对于等截面墙、柱,内力可直接用结构力学的方法,按一次超静定求解,如图 5-14(a)所示,其内力为

$$R_C = -R_A = -\frac{3M}{2H}$$

$$M_C = M$$

$$M_A = -M/2 \qquad (5-9)$$

$$M_x = \frac{M}{2}\left(2-3\frac{x}{H}\right)$$

(2)风荷载作用

在均布风荷载作用下,如图 5-14(b)所示,墙体内力为

$$R_C = \frac{3q}{8} H$$

$$R_A = \frac{5q}{8} H$$

$$M_A = \frac{q}{8} H^2$$

(5-10)

$$M_x = -\frac{qH}{8} x \left(3 - 4 \frac{x}{H} \right)$$

当 $x = \frac{3}{8} H$ 时, $M_{max} = -\frac{9qH^2}{128}$。

对迎风面, $q = q_1$; 对背风面, $q = q_2$。

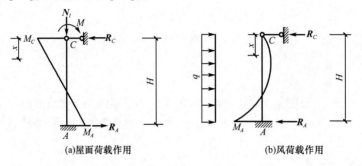

图 5-14 屋面及风荷载作用下墙内力图

4. 控制截面与内力组合

在进行承重墙、柱设计时,应先求出各种荷载单独作用下的内力,然后根据荷载规范考虑多种荷载组合,再找出墙柱的控制截面,求出控制截面的内力组合,最后选出各控制截面的最不利内力进行墙柱承载力验算。

墙截面宽度取窗间墙宽度。其控制截面为:墙柱顶端 I—I 截面、墙柱下端 III—III 截面和风荷载作用下的最大弯矩 M_{max} 对应的 II—II 截面,如图 5-15 所示。I—I 截面既有轴力 N 又有弯矩 M,按偏心受压验算承载力,同时还需验算梁下的砌体局部受压承载力; II—II、III—III 截面均按偏心受压验算承载力。

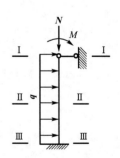

图 5-15 墙柱控制截面

刚性方案房屋墙体的
设计计算

5.3.2 多层刚性方案房屋承重纵墙的计算

对多层民用房屋,如宿舍、住宅、办公楼、教学楼等,由于横墙间距较小,一般属于刚性方案房屋。设计时除验算墙柱的高厚比外,还需验算墙柱在控制截面处的承载力。

1. 计算单元

混合结构房屋纵墙一般较长,设计时可仅选取有代表性的一段墙柱(一个开间)作为计算单元。一般情况下,计算单元的受荷宽度为一个开间 $(l_1 + l_2)/2$,如图 5-16 所示。有门窗洞口时,内、外纵墙的计算截面宽度 B 一般取一个开间的门间墙或窗间墙;无门窗洞口时,

计算截面宽度 B 为 $(l_1+l_2)/2$；当壁柱间的距离较大且层高较小时，B 按下式取用

$$B=\left(b+\frac{2}{3}H\right)\leqslant\frac{l_1+l_2}{2} \tag{5-11}$$

式中　b——壁柱宽度。

2.竖向荷载作用下的计算

在竖向荷载作用下，多层刚性方案房屋的承重墙如同一竖向连续梁，屋盖、楼盖及基础顶面作为连续梁的支承点，如图 5-17(b)所示。由于屋盖、楼盖中的梁或板伸入墙内搁置，致使墙体的连续性受到削弱，因此在支承点处所能传递的弯矩很小。为了简化计算，假定连续梁在屋盖、楼盖处为铰接。在基础顶面处的轴向力远比弯矩大，所引起的偏心距 $e=M/N$ 也很小，按轴心受压和偏心受压的计算结果相差不大，因此，墙体在基础顶面处也可假定为铰接。这样，在竖向荷载作用下，多层刚性方案房屋的墙体在每层高度范围内，均可简化为两端铰接的竖向构件进行计算，如图 5-17(c)所示。计算每层内力时，其计算高度等于每层层高，底层计算高度要算至基础顶面。

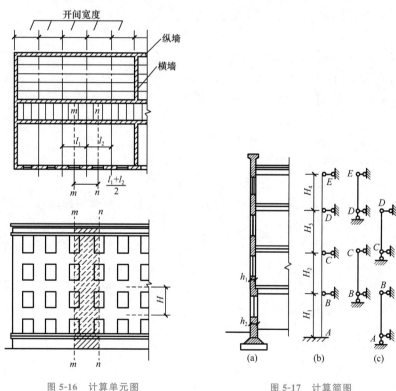

图 5-16　计算单元图　　　　图 5-17　计算简图

因此，竖向荷载作用下多层刚性方案房屋的计算原则为：上部各层荷载沿上一层墙体的截面形心传至下层；在计算某层墙体弯矩时，要考虑梁、板支承压力对本层墙体产生的弯矩，当本层墙体与上层墙体形心不重合时，要考虑上层墙体传来的荷载对本层墙体产生的弯矩。每层墙体的弯矩按三角形变化，上端弯矩最大，下端为零。

以图 5-16 所示四层办公楼的第二层墙为例，来说明其在竖向荷载作用下内力计算

方法。

第二层墙计算简图如图 5-18 所示,上端
Ⅰ—Ⅰ截面内力

$$N_{\text{Ⅰ}} = N_u + N_l \atop M_{\text{Ⅰ}} = N_l e_l \Bigg\} \qquad (5\text{-}12)$$

下端Ⅱ—Ⅱ截面内力

$$N_{\text{Ⅱ}} = N_u + N_l + G \atop M_{\text{Ⅱ}} = 0 \Bigg\} \qquad (5\text{-}13)$$

式中 N_l——本层墙顶楼盖的梁或板传来的荷
载即支承力;

N_u——由上层墙传来的荷载;

e_l——N_l 对本层墙体截面形心线的偏
心距;

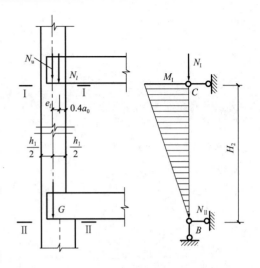

图 5-18 竖向荷载作用下墙体计算简图

G——本层墙体自重(包括内外粉刷,门
窗自重等)。

N_l 对本层墙体截面形心线的偏心距 e_l 可按以下方式确定:当梁、板支承在墙体上时,有
效支承长度为 a_0,由于上部墙体压在梁或板上面阻止其端部上翘,N_l 作用点内移。《规范》规
定,这时取 N_l 作用在距墙体内边缘 $0.4a_0$ 处,因此,N_l 对墙体截面产生的偏心距 e_l 为

$$e_l = y - 0.4a_0 \qquad (5\text{-}14)$$

式中 y——墙截面形心到受压最大边缘的距离,对矩形截面墙体,$y = h_1/2$,h_1 为墙厚,如
图 5-18 所示;

a_0——梁、板有效支承长度,按前述有关公式计算。

当墙体在一侧加厚时,如图 5-17 底层所示,上、下墙形心线间的距离为 $e_u = (h_2 - h_1)/$
2,h_1、h_2 分别为上、下层墙体的厚度。

3. 水平荷载作用下的计算

由于风荷载对外墙面相当于横向力作用,所以在水平风荷载
作用下,计算简图仍为一竖向连续梁,屋盖、楼盖为连续梁的支
承,并假定沿墙高承受均布线荷载 q,如图 5-19 所示,其引起的弯
矩可近似按下式计算

$$M = \frac{1}{12}qH_i^2 \qquad (5\text{-}15)$$

式中 q——沿楼层高均布风荷载设计值,kN/m;

H_i——第 i 层墙高,即第 i 层层高,m。

计算时应考虑左右风,使得与风荷载作用下计算的弯矩组合
值绝对值最大。

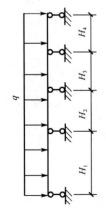

图 5-19 风荷载作用计算简图

当刚性方案多层房屋的外墙符合下列要求时,静力计算可不
考虑风荷载的影响:

①洞口水平截面面积不超过全截面面积的 2/3;

②层高和总高不超过表 5-5 的规定;

③屋面自重不小于 0.8 kN/m^2。

表 5-5　　　　　　　　　　　　外墙不考虑风荷载影响时的最大高度

基本风压值/$(\text{kN} \cdot \text{m}^{-2})$	层高/m	总高/m
0.4	4.0	28
0.5	4.0	24
0.6	4.0	18
0.7	3.5	18

注:对于多层混凝土砌块房屋,当外墙厚度不小于 190 mm、层高不大于 2.8 m、总高不大于 19.6 m、基本风压不
　　大于 0.7 kN/m² 时,可不考虑风荷载的影响。

4.选择控制截面进行承载力计算

每层墙取两个控制截面,上截面可取墙体顶部位于大梁(或板)底的墙体截面Ⅰ—Ⅰ,该截面承受弯矩 M_{I} 和轴力 N_{I},因此需进行偏心受压承载力和梁下局部受压承载力验算。下截面可取墙体下部位于大梁(或板)底稍上的砌体截面Ⅱ—Ⅱ,底层墙则取基础顶面,该截面轴力 N_{II} 最大,仅考虑竖向荷载时弯矩为零,按轴向受压计算;若需考虑风荷载,则该截面弯矩 $M = \dfrac{1}{12}qH_i^2$,因此需按偏心受压进行承载力计算。

若 n 层墙体的截面及材料强度等级相同,则只需验算最下一层即可。

当楼面梁支承于墙上时,梁端上、下的墙体对梁端转动有一定的约束作用,因而梁端也有一定的约束弯矩。当梁的跨度较小时,约束弯矩可以忽略;但当梁的跨度较大时,约束弯矩不可忽略,约束弯矩将在梁端上、下墙体内产生弯矩,使墙体偏心距增大(曾出现过因梁端约束弯矩较大引起的事故),为防止这种情况,《规范》规定:对于梁跨度大于 9 m 的墙承重的多层房屋,按上述方法计算时,应考虑梁端约束弯矩的影响。可按梁两端固结计算梁端弯矩,再将其乘以修正系数 γ 后,按墙体线性刚度分到上层墙底部和下层墙顶部,修正系数 γ 可按下式计算

$$\gamma = 0.2 \sqrt{\frac{a}{h}} \tag{5-16}$$

式中　a——梁端实际支承长度;

　　　h——支承墙体的厚度,当上、下墙厚不同时取下部墙厚,当有壁柱时取 h_{T}。

此时Ⅱ—Ⅱ截面的弯矩不为零,不考虑风荷载时也应按偏心受压计算。

5.3.3　多层刚性方案房屋承重横墙的计算

在以横墙承重的房屋中,横墙间距较小,纵墙间距(房屋的进深)亦不大,一般情况均属于刚性方案房屋。其承载力计算按下列方法进行。

1.计算单元和计算简图

刚性方案房屋的横墙一般承受屋盖、楼盖中楼板传来的均布线荷载,且很少开设洞口,因此,通常取宽度 $B = 1$ m 的横墙作为计算单元,如图 5-20(a)所示,计算简图为每层横墙视为两端不动铰接的竖向构件,构件的高度为层高。但当顶层为坡屋顶时,则取层高加上山尖高度的一半。

横墙承受的荷载也和纵墙一样,但对中间墙则承受两边楼盖传来的竖向力,即 N_u、N_{l1}、N_{l2}、G,如图 5-20(b)所示,其中 N_{l1}、N_{l2} 分别为横墙左、右两侧楼板传来的竖向力。

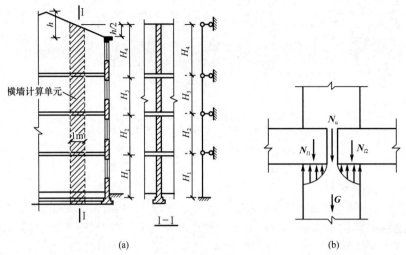

图 5-20 横墙计算简图

2. 控制截面的承载力验算

当 $N_{l1} = N_{l2}$ 时,沿整个横墙高度承受轴心压力,横墙的控制截面取该层墙体的底部截面,此处轴力最大。当 $N_{l1} \neq N_{l2}$ 时,顶部截面将产生弯矩,则需验算顶部截面的偏心受压承载力。当墙体支承梁时,还需验算砌体局部受压承载力。

当横墙上有洞口时,应考虑洞口削弱的影响。对直接承受风荷载的山墙,其计算方法同纵墙。

【例 5-3】 某三层办公楼,采用混合结构,如图 5-21 所示。砖墙厚 240 mm,大梁截面尺寸为 $b \times h = 200 \text{ mm} \times 500 \text{ mm}$,梁在墙上的支承长度为 240 mm,采用 MU10 普通砖和 M7.5 混合砂浆砌筑。屋盖恒荷载的标准值为 4.5 kN/m²,活荷载标准值为 0.5 kN/m²;楼盖恒荷载的标准值为 2.5 kN/m²,活荷载标准值为 2.0 kN/m²,窗重为 0.3 kN/m²,240 mm 厚烧结多孔砖砖墙双面抹灰重为 5.24 kN/m²,层高为 3.6 m。试验算外纵墙和横墙高厚比和承载力。

【解】 (1)高厚比验算

①确定静力计算方案

最大横墙间距 $s = 3.3 \times 3 = 9.9 \text{ m} < 32 \text{ m}$,查表 5-2 属刚性方案。

②外纵墙高厚比验算

纵墙厚 240 mm,高度 $H = 3.85 + 0.65 = 4.5 \text{ m}$。

$s = 9.9 \text{ m} > 2H = 2 \times 4.5 = 9 \text{ m}$,查表 5-3,计算高度 $H_0 = 1.0H = 4.5 \text{ m}$。

砂浆强度等级 M7.5,查表 5-4 得允许高厚比 $[\beta] = 26$。外墙为承重墙,故 $\mu_1 = 1.0$。

$$\mu_2 = 1 - 0.4 \frac{b_s}{s} = 1 - 0.4 \times \frac{1.5}{3.3} = 0.818 > 0.7$$

$$\beta = \frac{H_0}{h} = \frac{4.5}{0.24} = 18.75 < \mu_1 \mu_2 [\beta] = 1.0 \times 0.818 \times 26 = 21.27$$

满足要求。

由于横墙上未开洞,故只验算底层外纵墙即可。

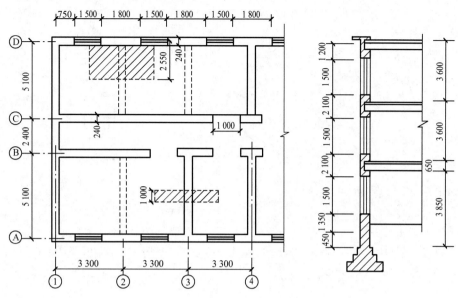

图 5-21 某办公楼的平剖面图

（2）外纵墙内力计算和截面承载力验算

①计算单元

外纵墙取一个开间为计算单元。根据图 5-21，取图中斜、虚线部分为纵墙计算单元的受荷面积，窗间墙为计算截面。纵墙承载力由外纵墙（A、D 轴线）控制，内纵墙由于洞口的面积较小，不起控制作用，因而不必计算。

②控制截面

墙体截面相同，材料相同，可仅取底层墙体上部Ⅰ—Ⅰ截面和基础顶部Ⅱ—Ⅱ截面进行验算。

③各层墙体内力标准值计算

a.屋面传来荷载

恒荷载的标准值　$4.5 \times 3.3 \times (5.1 \div 2) + 0.2 \times 0.5 \times 25 \times (5.1 \div 2) = 44.24 \ \text{kN}$

活荷载的标准值　$0.5 \times 3.3 \times (5.1 \div 2) = 4.21 \ \text{kN}$

b.楼面传来荷载（考虑二、三层楼面活荷载折减系数 0.85）

恒荷载的标准值　$2.5 \times 3.3 \times (5.1 \div 2) + 0.2 \times 0.5 \times 25 \times (5.1 \div 2) = 27.41 \ \text{kN}$

活荷载的标准值　$2.0 \times 3.3 \times (5.1 \div 2) \times 0.85 = 14.3 \ \text{kN}$

c.二层以上每层墙体自重及窗重标准值

$$(3.3 \times 3.6 - 1.5 \times 1.5) \times 5.24 + 1.5 \times 1.5 \times 0.3 = 51.14 \ \text{kN}$$

楼面至大梁底的一段墙重为

$$3.3 \times (0.5 + 0.15) \times 5.24 = 11.24 \ \text{kN}$$

底层墙体自重及窗重标准值

$$(3.3 \times 3.85 - 1.5 \times 1.5) \times 5.24 + 1.5 \times 1.5 \times 0.3 = 55.46 \ \text{kN}$$

d.内力组合

底层墙体上部Ⅰ—Ⅰ截面（图 5-22）：

$N_u = 1.3 \times (51.14 \times 2 + 11.24 + 44.24 + 27.41) + 1.5 \times (4.21 + 14.3) = 268.49 \ \text{kN}$

本层大梁传来的支承压力设计值为

$$N_l = 1.3 \times 27.41 + 1.5 \times 14.3 = 57.08 \text{ kN}$$

有效支承长度

$$a_0 = 10\sqrt{\frac{h}{f}} = 10 \times \sqrt{\frac{500}{1.69}} = 172 \text{ mm} < 240 \text{ mm}$$

$$0.4a_0 = 0.4 \times 172 = 68.8 \text{ mm}$$

$$e_l = \frac{240}{2} - 0.4a_0 = 120 - 68.8 = 51.2 \text{ mm}$$

$$e = \frac{N_l e_l}{N_u + N_l} = \frac{57.08 \times 51.2}{268.49 + 57.08} = 8.98 \text{ mm}$$

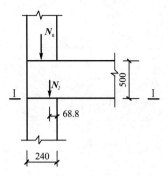

图 5-22　Ⅰ—Ⅰ截面的荷载情况

基础顶部Ⅱ—Ⅱ截面：

$$N = 1.3 \times 55.46 + 268.49 + 57.08 = 397.67 \text{ kN}$$

e. 截面承载力验算

底层墙体上部Ⅰ—Ⅰ截面（$A = 1\,800 \times 240 = 432\,000 \text{ mm}^2, f = 1.69 \text{ MPa}$）：

$$\frac{e}{h} = \frac{8.98}{240} = 0.037, \quad \beta = \gamma_\beta \frac{H_0}{h} = 1.0 \times \frac{4.5}{0.24} = 18.75$$

查表 3-1 得 $\varphi = 0.579$。

$$\varphi f A = 0.579 \times 1.69 \times 432\,000 = 422.72 \times 10^3 \text{ N} = 422.72 \text{ kN} >$$
$$N_u + N_l = 268.49 + 57.08 = 325.57 \text{ kN}$$

满足要求。

基础顶部Ⅱ—Ⅱ截面：

$e = 0, \beta = 18.75$，查表 3-1 得 $\varphi = 0.651$。

$$\varphi f A = 0.651 \times 1.69 \times 432\,000 = 475.28 \times 10^3 \text{ N} = 475.28 \text{ kN} > N = 397.67 \text{ kN}$$

满足要求。

f. 大梁下局部受压承载力验算

砌体的局部受压面积

$$A_l = a_0 \times b = 0.172 \times 0.2 = 0.034\,4 \text{ m}^2$$

影响砌体抗压强度的计算面积

$$A_0 = 0.24 \times (0.2 + 0.24 \times 2) = 0.163\,2 \text{ m}^2$$

$$\frac{A_0}{A_l} = \frac{0.163\,2}{0.034\,4} = 4.74 > 3，取 \psi = 0。$$

$$\eta = 0.7, \gamma = 1 + 0.35\sqrt{\frac{A_0}{A_l} - 1} = 1 + 0.35\sqrt{\frac{0.163\,2}{0.034\,4} - 1} = 1.68 < 2.0$$

$$\eta \gamma f A_l = 0.7 \times 1.68 \times 1.69 \times 0.034\,4 \times 10^6 = 68.37 \times 10^3 \text{ N} = 68.37 \text{ kN} > N_l = 57.08 \text{ kN}$$

满足要求。

（3）横墙内力计算和截面承载力验算

取 1 m 宽墙体作为计算单元，沿纵向取 3.3 m 为受荷宽度，计算截面面积 $A = 0.24 \times 1 = 0.24 \text{ m}^2$，由于房屋开间、荷载均相同，因此近似按轴心受压验算。

基础顶部Ⅱ—Ⅱ截面（考虑二、三层楼面活荷载折减系数 0.85）

$$N = 1.3 \times (1 \times 3.6 \times 5.24 \times 2 + 1 \times 4.5 \times 5.24 + 1 \times 3.3 \times 4.5 + 1 \times 3.3 \times 2.5 \times 2) +$$
$$1.5 \times (1 \times 3.3 \times 0.5 + 0.85 \times 1 \times 3.3 \times 2 \times 2)$$
$$= 120.46 + 19.31 = 139.77 \text{ kN}$$

$e=0$,底层 $H=4.5$ m,纵墙间距 $s=5.1$ m,所以 $H<s<2H$,查表 5-3,计算高度

$$H_0=0.4s+0.2H=0.4\times5.1+0.2\times4.5=2.94\ \text{m}$$

$$\beta=\gamma_\beta H_0/h=1.0\times(2.94\div0.24)=12.25$$

查表 3-1 得 $\varphi=0.814$。

$\varphi fA=0.814\times1.69\times0.24\times10^6=330.16\times10^3\ \text{N}=330.16\ \text{kN}>N=139.77\ \text{kN}$

满足要求。

5.4 弹性与刚弹性方案房屋墙体的设计计算

5.4.1 单层弹性方案房屋承重纵墙的计算

由于单层弹性方案房屋的横墙间距大,空间刚度很小,因此墙柱内力按不考虑空间作用的有侧移的平面排架计算,并采用以下假定:

①屋架(或屋面梁)与墙柱上端铰接,下端嵌固于基础顶面;

②屋架(或屋面梁)可视为刚度无限大的系杆,在轴力作用下无拉伸或压缩变形,故在荷载作用下,柱顶水平位移相等。

取一个开间作为计算单元。其计算简图如图 5-23 所示。按有侧移的平面排架进行内力分析,计算步骤如下:

①先在排架上端加一个不动水平铰支座,形成无侧移的平面排架,其内力分析和刚性方案相同,求出支座反力 R 及内力。

②把已求出的反力 R 反向作用于排架顶端,求出其内力。

③将上述两步求出的内力进行叠加,则可得到按有侧移的平面排架计算结果。

现以单层单跨等截面墙的弹性方案房屋为例,说明其内力计算方法。

1.屋盖荷载作用

如图 5-24 所示,当屋盖荷载对称时,排架柱顶将不产生侧移,因此内力计算与刚性方案相同,即

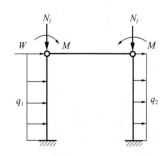

图 5-23 单层弹性方案房屋计算简图

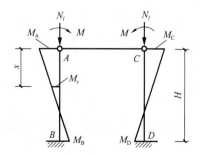

图 5-24 屋盖荷载作用下内力

$$M_A = M_C = M$$

$$M_B = M_D = -\frac{M}{2}$$

$$M_x = \frac{M}{2}\left(2 - 3\frac{x}{H}\right)$$

$$(5\text{-}17)$$

2. 风荷载作用

在风荷载作用下排架产生侧移。

①假定在排架顶端加一个不动铰支座,成为无侧移排架,求出不动铰支座反力和墙柱内力,其计算方法与刚性方案相同。由图5-25(b)可得

$$R = W + \frac{3}{8}(q_1 + q_2)H$$

$$M_{B(b)} = \frac{1}{8}q_1 H^2$$

$$M_{D(b)} = -\frac{1}{8}q_2 H^2$$

$$(5\text{-}18)$$

②将反力 R 反向作用于排架顶端,由图5-25(c)可得

$$M_{B(c)} = \frac{1}{2}RH = \frac{1}{2}WH + \frac{3}{16}H^2(q_1 + q_2)$$

$$M_{D(c)} = -\frac{1}{2}RH = -\left[\frac{1}{2}WH + \frac{3}{16}H^2(q_1 + q_2)\right]$$

$$(5\text{-}19)$$

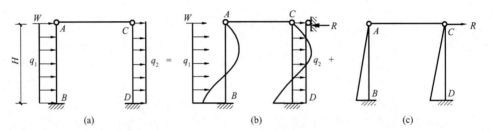

图 5-25　风荷载作用下内力计算方法

③叠加式(5-18)和式(5-19)可得内力

$$M_B = M_{B(b)} + M_{B(c)} = \frac{1}{2}WH + \frac{5}{16}q_1 H^2 + \frac{3}{16}q_2 H^2$$

$$M_D = M_{D(b)} + M_{D(c)} = -\left[\frac{1}{2}WH + \frac{3}{16}q_1 H^2 + \frac{5}{16}q_2 H^2\right]$$

$$(5\text{-}20)$$

弹性方案房屋墙柱控制截面为柱顶Ⅰ—Ⅰ及柱底Ⅲ—Ⅲ截面,其承载力验算与刚性方案房屋相同。

5.4.2　单层刚弹性方案房屋墙、柱的计算

刚弹性方案房屋的空间刚度介于刚性方案与弹性方案之间,在水平荷载作用下,墙顶的

水平位移比弹性方案要小,但又不可忽略不计。因此计算时应考虑房屋的空间工作,其计算简图为铰接平面排架,并在柱顶增加一个弹性支座,如图5-26所示。

1.屋盖荷载作用

屋盖竖向荷载作用下的单层刚弹性方案房屋计算方法与弹性方案房屋完全相同。

2.风荷载作用

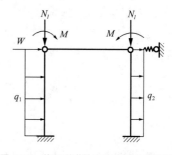

图5-26 单层刚弹性方案房屋计算简图

在顶点水平集中力 R 的作用下,假设产生的弹性支座反力为 X,柱顶水平位移 $\mu_s = \eta \mu_p$,较无弹性支座时柱顶水平位移 μ_p 小,减小的水平位移 $(1-\eta)\mu_p$ 可视为弹性支座反力 X 引起的,如图5-27所示。根据位移与力成正比的关系,可求出弹性支座的反力 X,即

$$\frac{X}{R} = \frac{(1-\eta)\mu_p}{\mu_p} = 1-\eta$$

得

$$X = (1-\eta)R \tag{5-21}$$

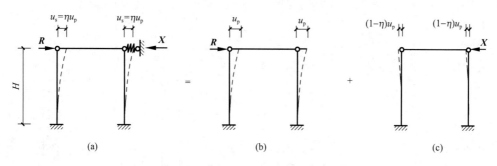

图5-27 单层刚弹性方案房屋计算方法

基于以上分析,刚弹性方案房屋墙柱内力可按下列步骤进行计算(图5-28)。

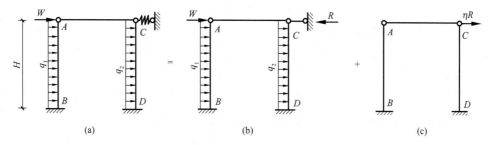

图5-28 单层刚弹性方案房屋内力计算

(1)在排架柱的顶端附加一个不动铰支座[图5-28(b)],按无侧移排架计算出支座反力 R 及相应的内力。

(2)为消除附加的不定铰支座的影响,将不动铰支座反力 R 反向作用于排架柱顶,并与弹性支座反力 $(1-\eta)R$ 进行叠加,得到排架柱顶实际承受的水平力为 $R-(1-\eta)R = \eta R$,因此计算时只需将 ηR 反向作用于排架柱顶[图5-28(c)],求得各柱的内力。η 为空间性能影响系数,按表 5-1 采用。

（3）将上述两步骤所得柱内力进行叠加,即得到刚弹性方案排架柱的内力计算结果。其柱底弯矩为

$$
\left.
\begin{aligned}
M_{\mathrm{B}} &= \frac{1}{2}\eta WH + \left(\frac{1}{8} + \frac{3}{16}\eta\right)q_1 H^2 + \frac{3}{16}\eta q_2 H^2 \\
M_{\mathrm{D}} &= -\left[\frac{1}{2}\eta WH + \left(\frac{1}{8} + \frac{3}{16}\eta\right)q_2 H^2 + \frac{3}{16}\eta q_1 H^2\right]
\end{aligned}
\right\}
\tag{5-22}
$$

多跨等高的刚弹性方案单层房屋,由于空间刚度比单跨房屋好,故其 η 值仍可按单跨房屋采用。

刚弹性方案房屋墙柱的控制截面也为柱顶 Ⅰ-Ⅰ 截面和柱底 Ⅱ-Ⅱ 截面,其承载力验算与刚性方案相同。截面验算时,应根据使用过程中可能同时作用的荷载进行组合,并取其最不利者进行验算。

【例 5-4】　试验算例 5-2 中厂房纵墙的承载力是否满足要求,施工质量控制等级为 B 级。已知屋面恒荷载标准值 2.4 kN/m²;屋面均布活荷载标准值 0.5 kN/m²,组合值系数 $\psi_\mathrm{c}=0.7$;屋面均布雪荷载标准值 0.3 kN/m²,组合值系数 $\psi_\mathrm{c}=0.7$;基本风压 $w_0=0.4$ kN/m²,组合值系数 $\psi_\mathrm{c}=0.6$;该建筑物位于城市的郊区,厂房剖面图如图 5-29(a) 所示。

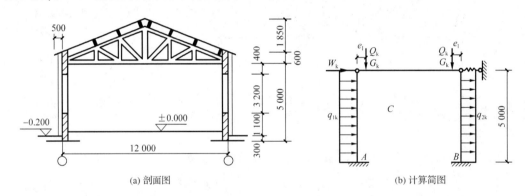

(a) 剖面图　　　　　　　　　　(b) 计算简图

图 5-29　厂房剖面图和计算简图

【解】　**1. 计算简图及荷载**

由例 5-2 分析可知,该单层厂房纵墙按刚弹性方案计算,墙体的高厚比满足要求。

（1）计算简图

计算时取厂房中部一个壁柱间距（6 m）作为计算单元,计算截面宽度取窗间墙宽度 3 m,纵墙高度 $H=4.5+0.5=5$ m,按等截面排架柱计算,计算简图如图 5-29(b) 所示。

（2）荷载计算

①屋面荷载

由屋架传至墙顶的集中力由两部分组成（恒荷载 G 和活荷载 Q）

恒荷载标准值　　　　　$G_\mathrm{k}=2.4 \times 6 \times \dfrac{12+1}{2}=93.6$ kN

屋面均布活荷载不与雪荷载同时考虑,取 max{屋面均布活荷载,屋面均布雪荷载}

活荷载标准值 $\qquad Q_k=0.5\times6\times\dfrac{12+1}{2}=19.5\ \text{kN}$

②风荷载

风荷载标准值 $w_k=\mu_s\mu_z w_0$，基本风压 $w_0=0.4\ \text{kN/m}^2$。

a. 荷载体型系数

对图 5-29 所示厂房，由《建筑结构荷载规范》可查得：

对屋面背风面，$\mu_s=-0.5$（风吸力）

对屋盖迎风面，屋面坡度 $\tan\alpha=\dfrac{1.85}{6}=0.308$，$\alpha=17.14°$

$$\mu_s=-0.6\times\frac{30-17.14}{30-15}=-0.514\approx-0.5（风吸力）$$

因此，屋盖风荷载作用在两个坡面上水平分量大小基本相等，但方向相反，两者作用基本抵消；屋盖风荷载作用的垂直分量向上，对结构是有利的，且量值较小，内力组合时也可不予考虑。

对迎风墙面 $\mu_s=0.8$（压力），对背风墙面 $\mu_s=-0.5$（风吸力），厂房风荷载体型系数如图 5-30 所示。

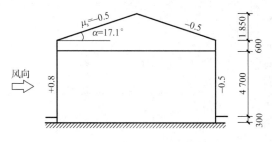

图 5-30　厂房风荷载体型系数

b. 风压高度变化系数

取柱顶至屋面平均高度计算 μ_z，$H=0.2+4.5+\dfrac{1.85+0.6}{2}=5.925\ \text{m}$

因建筑物位于城市的郊区，地面粗糙度类别为 b 类。由《建筑结构荷载规范》可查得 $\mu_z=1.0$。

c. 屋盖和墙面风荷载

屋面风荷载可转化为作用墙顶的集中力，其标准值为：

$$W_k=(0.8+0.5)\times1.0\times0.6\times0.4\times6=1.87\ \text{kN}$$

迎风墙面均布风荷载标准值 $q_{1k}=0.8\times1.0\times0.4\times6=1.92\ \text{kN/m}$

背风墙面均布风荷载标准值 $q_{2k}=0.5\times1.0\times0.4\times6=1.20\ \text{kN/m}$

2. 内力计算

(1)轴向力

①墙体自重（圈梁自重近似按墙体计算）

砖砌体自重 19 kN/m^3，水泥砂浆粉刷墙面 20 mm 厚 0.36 kN/m^2，钢框玻璃窗自重 0.45 kN/m^2。

窗间墙自重标准值

$(3\times0.24+0.37\times0.25)\times(5+0.6)\times19+(3\times2+0.25\times2)\times(5+0.6)\times0.36=99.55$ kN

窗上墙自重标准值

$$3\times0.24\times(0.4+0.6)\times19+3\times(0.4+0.6)\times2\times0.36=15.84 \text{ kN}$$

钢框玻璃窗自重标准值

$$3\times3.2\times0.45=4.32 \text{ kN}$$

则基础顶面由墙自重产生轴向力的标准值

$$G=99.55+15.84+4.32=119.71 \text{ kN}$$

②基础顶面恒载产生的轴向力标准值 $N_{Gk}=119.71+93.6=213.31$ kN

③基础顶面活载产生的轴向力标准值 $N_{Qk}=19.5$ kN

（2）排架内力计算

计算简图如图5-29（b）所示，查表5-1得房屋空间性能影响系数 $\eta=0.755$。

①屋盖恒荷载标准值作用下墙柱内力

根据构造要求，屋架支承反力作用点距外墙面150 mm，由例4-2可知窗间墙截面形心位置 $y_1=148$ mm，则屋架支承反力对截面形心偏心距为 $e_1=150-(240-148)=58$ mm

墙柱顶面弯矩 $M_{AGk}=M_{DGk}=G_{kel}=93.6\times0.058=5.43$ kN·m

由于荷载和排架均匀对称，排架无侧移，可按下端固定、上端不动铰支座的竖杆计算。

墙柱底面弯矩 $M_{AGk}=M_{BGk}=\dfrac{-M_{CGk}}{2}=\dfrac{-5.43}{2}=-2.72$ kN·m

屋盖恒荷载标准值作用下墙柱弯矩图如图5-31（b）所示。

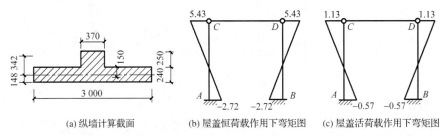

(a) 纵墙计算截面　　　(b) 屋盖恒荷载作用下弯矩图　　　(c) 屋盖活荷载作用下弯矩图

图5-31　屋盖恒荷载作用下排架内力

②屋盖活荷载标准值作用下墙柱内力

墙柱顶面弯矩 $M_{CQk}=M_{DQk}=Q_{kel}=19.5\times0.058=1.13$ kN·m

墙柱底面弯矩 $M_{AQk}=M_{BQk}=-\dfrac{M_{CQk}}{2}=-\dfrac{1.13}{2}=-0.57$ kN·m

屋盖活荷载标准值作用下墙柱弯矩图如图5-31（c）所示。

③风荷载标准值作用下墙柱内力

左风：

$$M_{AWk}=\frac{\eta W_k H}{2}+\left(\frac{1}{8}+\frac{3\eta}{16}\right)q_{1k}H^2+\frac{3\eta}{16}q_{2k}H^2$$

$$=\frac{0.755\times1.87\times5}{2}+\left(\frac{1}{8}+\frac{3\times0.755}{16}\right)\times1.92\times5^2+\frac{3\times0.755}{16}\times1.2\times5^2$$

$$=3.529\,625+12.795+4.246\,875=20.57 \text{ kN·m}$$

$$M_{MWk} = -\left[\frac{\eta W_k H}{2} + \left(\frac{1}{8} + \frac{3\eta}{16}\right)q_{2k}H^2 + \frac{3\eta}{16}q_{1k}H^2\right]$$

$$= -\left[\frac{0.755 \times 1.87 \times 5}{2} + \left(\frac{1}{8} + \frac{3 \times 0.755}{16}\right) \times 1.2 \times 5^2 + \frac{3 \times 0.755}{16} \times 1.92 \times 5^2\right]$$

$$= -18.32 \text{ kN} \cdot \text{m}$$

左风荷载标准值作用下墙柱弯矩图如图5-32(a)所示。

右风荷载标准值作用下的弯矩与左风荷载标准值作用下反对称,即

$$M_{AWk} = -18.32 \text{ kN} \cdot \text{m}, M_{BWk} = 20.57 \text{ kN} \cdot \text{m}$$

右风荷载标准值作用下墙柱弯矩图如图5-32(b)所示。

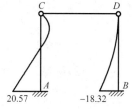 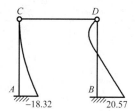

(a) 左风荷载作用下弯矩图　　(b) 右风荷载作用下弯矩图

图5-32　风荷载作用下墙柱弯矩图

3. 内力组合

由于排架对称,仅对 A 柱进行内力组合,控制截面分别为墙柱顶面 I-I 截面和基础顶面 II-II 截面。

(1) I-I 截面

$$N_I = 1.3 \times 93.6 + 1.5 \times 19.5 = 150.93 \text{ kN}$$

$$M_I = 1.3 \times 5.43 + 1.5 \times 1.13 = 8.75 \text{ kN} \cdot \text{m}$$

(2) II-II 截面

截面内力组合计算过程见表5-6。

表5-6　　　　　　　　　　截面内力组合计算过程

内力	荷载情况				
	屋面荷载		墙自重	风荷载	
	恒荷载	活荷载	G	左风	右风
	①	②	③	④	⑤
$M/(\text{kN} \cdot \text{m})$	−2.72	−0.57	0	20.57	−18.32
N/kN	93.6	19.5	119.71	0	0

荷载组合	内力组合	$M/(\text{kN} \cdot \text{m})$	N/kN
恒荷载+风荷载	$1.3(①+③)+1.5④$	27.32	277.30
	$1.3(①+③)+1.5⑤$	−31.02	277.30
恒荷载+活荷载+风荷载	$1.3(①+③)+1.5(④+0.7②)$	26.72	297.78
(左风和右风)	$1.3(①+③)+1.5(⑤+0.7②)$	−31.61	297.78

4. 承载力验算

由内力组合结果可知,基础顶面Ⅱ-Ⅱ截面内力为最不利内力,因此仅对Ⅱ-Ⅱ截面进行承载力验算,选取 $N_{\text{Ⅱ}}=277.30$ kN、$M_{\text{Ⅱ}}=31.02$ kN·m 和 $N_{\text{Ⅱ}}=297.78$ kN、$M_{\text{Ⅱ}}=31.61$ kN·m 两组内力。由例 5-2 计算结果,$A=8.125\times10^5$ mm²,$h_T=364$ mm,$H_0=6\,000$ mm;MU15 混凝土普通砖、Mb5 砂浆砌筑,查表 2-11 得 $f=1.83$ MPa。

(1) $N_{\text{Ⅱ}}=277.30$ kN,$M_{\text{Ⅱ}}=31.02$ kN·m

$$e=\frac{M}{N}=\frac{31.02}{277.30}=0.112 \text{ m}=112 \text{ mm}<0.6y_2=0.6\times342=205.2 \text{ mm}$$

$$\frac{e}{h_T}=\frac{112}{364}=0.308$$

$$\beta=\gamma_\rho\frac{H_0}{h_T}=1.1\times\frac{6\,000}{364}=18.13,\text{查表 3-1 得 }\varphi=0.249$$

$$\varphi fA=0.249\times1.83\times8.125\times10^5=370.23\times10^3 \text{ N}=370.23 \text{ kN}>N=277.30 \text{ kN}$$

满足要求。

(2) $N_{\text{Ⅱ}}=297.78$ kN,$M_{\text{Ⅱ}}=31.61$ kN·m

$$e=\frac{M}{N}=\frac{31.61}{297.78}=0.106 \text{ m}=106 \text{ mm}<0.6y_2=0.6\times342=205.2 \text{ mm}$$

$$\frac{e}{h_T}=\frac{106}{364}=0.291$$

$$\beta=\gamma_\rho\frac{H_0}{h_T}=1.1\times\frac{6\,000}{364}=18.13,\text{查表 3-1 得 }\varphi=0.242$$

$$\varphi fA=0.242\times1.83\times8.125\times10^5=359.82\times10^3 \text{ N}=359.82 \text{ kN}>N=297.78 \text{ kN}$$

满足要求。

5.4.3　多层刚弹性方案房屋墙、柱的计算

1. 多层弹性方案房屋的内力分析方法

多层房屋由屋(楼)盖和纵、横墙组成空间承重体系,不仅在纵向各开间之间存在类似于单层房屋的空间作用之外,而且层与层之间也亦有相互约束的空间作用。

在水平风荷载作用下,刚弹性多层房屋墙、柱的内力分析,可仿照单层刚弹性方案房屋,按考虑空间性能影响系数 η,取一个开间的多层房屋为计算单元,作为平面排架的计算简图,如图 5-33(a)所示,按下述方法进行:

①在计算简图的多层横梁与柱连接处分别加一水平不动铰支座,计算其在水平荷载作用下无侧移时的内力和各支座反力 $R_i=(i=1,2,\cdots,n)$,如图 5-33(b)所示。

②将支座反力 R_i 乘以相应的 η_i,反向作用于排架的各横梁处,如图 5-33(c)所示,计算出有侧移排架内力。

③将上述两种情况的相应内力叠加,即可得到所求内力。

2. 上柔下刚多层房屋计算

对于多层房屋,当房屋下部各层横墙间距较小,房屋的空间刚度较大,符合刚性方案房屋要求;而房屋顶层的使用空间大、横墙少,不符合刚性方案房屋要求,这种房屋称为上柔下刚多层房屋。

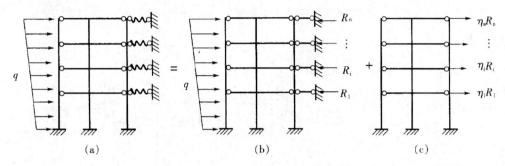

图 5-33　多层弹性方案房屋计算简图

计算上柔下刚多层房屋时,顶层可近似按单层房屋进行计算,其空间性能影响系数仍按单层房屋考虑。下部各层则按刚性方案进行计算。

5.5　地下室墙体的计算

混合房屋结构有时设有地下室,地下室墙体一般砌筑在钢筋混凝土基础底板上,顶部为首层楼面,地下室地面是现浇素混凝土地面,室外有回填土。由于外墙除承受上部荷载之外,还需承受土及水的侧压力,墙体比首层墙体要厚,并且为了保证房屋上部结构有较好的刚度,要求地下室横墙布置较密,纵横墙之间应有很好的拉结。因此地下室墙体计算方法与上部结构相同,但有以下特点:

①地下室墙体静力计算一般为刚性方案。

②由于墙体较厚,一般可不进行墙体高厚比的验算。

③地下室墙体计算时,作用于外墙上的荷载,除上部墙体传来的荷载、顶板传来的荷载和地下室墙体自重以外,还有土侧压力、静水压力,有时还有室外地面荷载。

5.5.1　计算简图

地下室墙体可取一个开间作为计算单元,其计算简图与刚性方案房屋中墙体的计算简图类似。墙体上端可视为铰支于地下室顶盖梁或板的底面,墙下端支承点的性质取决于墙体厚度 d 与基础宽度 D 的比值。

当 $d/D \geqslant 0.7$ 时,墙下端可认为是不动铰支承。这时又分为两种情况:

①若地下室的地面为现浇混凝土地面,且墙外回填土较迟,则可认为铰支点的位置在地

下室底板顶面,计算高度取地下室层高,如图 5-34(d)所示;

②若地下室的地面不是现浇混凝土,或当施工期间尚未浇捣混凝土地面,或当混凝土地面尚未达到足够的强度就进行回填土时,墙体下端铰支承应取基础底板的底面处,如图 5-34(e)所示。

当 $d/D<0.7$ 时,由于基础的刚度较大,墙体下端按弹性嵌固考虑,并认为下端支承于基础底面。

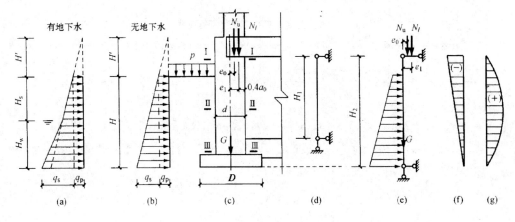

图 5-34　地下室墙体计算

5.5.2　墙体荷载

地下室墙体承受的荷载及计算方法与上部墙体基本相同,不同的是墙体还承受土侧压力而无风荷载。承受的荷载主要有:上部砌体传来的荷载 N_u,作用于底层墙体的形心;地下室顶盖梁、板传来的力 N_l,作用于距墙体内侧 $0.4a_0$ 处;土侧压力 q_s;室外地面活荷载 p,如图 5-34 所示。

1. 土侧压力

如图 5-34(b)所示,当无地下水时,按库仑土压力理论,土的主动侧压力为

$$q_s = \gamma B H \tan^2\left(45° - \frac{\varphi}{2}\right) \tag{5-23}$$

式中　γ——回填土的天然重力密度,一般取 $18\sim20$ kN/m³;

　　　　B——计算单元长度,m;

　　　　H——地表面以下产生侧压力土的深度,m;

　　　　φ——土的内摩擦角。

如图 5-30(a)所示,当有地下水时,应考虑水的浮力,此时土的侧压力为

$$q_s = B(\gamma H - \gamma_w H_w)\tan^2\left(45° - \frac{\varphi}{2}\right) + \gamma_w B H_w \tag{5-24}$$

式中　γ_w—— 地下水的重力密度,一般可取 10 kN/m³;

H_w—— 受地下水影响的高度,m。

2. 室外地面活荷载

室外地面活荷载 p 系指堆积在室外地面上的建筑材料、车辆等产生的荷载,其值应按实际情况采用,如无特殊要求一般可取 $p = 10 \text{ kN/m}^2$。为简化计算,通常将 p 换算成当量土层厚度,其厚度为 $H' = p/\gamma$,并按土侧压力 q_p 计算,对墙体的压力从地面到基础底面都是均匀分布的,其值为

$$q_p = \gamma B H' \tan^2 \left(45° - \frac{\varphi}{2} \right) \tag{5-25}$$

5.5.3 内力计算与承载力计算

1. 内力计算

地下室墙体内力按结构力学方法确定,其中竖向荷载和水平荷载作用下的弯矩分别如图 5-34(f) 和图 5-34(g) 所示。

当墙体下端按弹性嵌固考虑时,底部约束弯矩 M 可按下式计算

$$M = \frac{M_0}{1 + \frac{3E}{CH_2} \left(\frac{d}{D} \right)^3} \tag{5-26}$$

式中　M_0—— 按地下室墙体下端完全固定时计算的固端弯矩,kN·m;

　　　E—— 砌体的弹性模量,kN/m^2;

　　　H_2—— 地下室顶盖底面至基础底面的距离,m;

　　　C—— 地基刚性系数,可按表 5-7 采用。

表 5-7　　　　　　　　　　　　地基刚度系数 C

地基承载力特征值 /kPa	地基刚度系数 C/(kN·m^{-2})	地基承载力特征值 /kPa	地基刚度系数 C/(kN·m^{-2})
≤150	≤3 000	600	10 000
350	6 000	>600	>10 000

2. 控制截面与承载力计算

对地下室墙体,一般取墙体顶部截面(Ⅰ-Ⅰ)、底部截面(Ⅲ-Ⅲ)和最大弯矩截面(Ⅱ-Ⅱ)为控制截面。

Ⅰ-Ⅰ截面:按偏心受压和局部受压分别验算承载力;

Ⅱ-Ⅱ截面:按偏心受压验算承载力;

Ⅲ-Ⅲ截面:按轴心受压验算承载力。

5.5.4 施工阶段抗滑移验算

施工阶段回填土时,土对地下室墙体将产生侧压力。如果这时上部结构产生的轴向力

还较小(上部结构未建成),则应按下式验算基础底面的抗滑移能力

$$1.3V_{sk}+1.5V_{pk}\leqslant0.8\mu N_k \tag{5-27}$$

式中　　V_{sk}——土侧压力合力的标准值;

　　　　V_{pk}——室外地面施工活荷载产生的侧压力合力的标准值;

　　　　μ——基础与土的摩擦系数;

　　　　N_k——回填土时基础底面实际存在的轴向力标准值。

本章小结

(1)混合结构房屋墙体的设计主要包括:结构布置方案、计算简图、荷载统计、内力计算、内力组合、构件截面承载力验算,最后采取相应的构造措施。

(2)混合结构房屋的结构布置方案可分为纵墙承重方案、横墙承重方案、纵横墙混合承重方案和内框架承重方案。

(3)混合结构房屋根据空间作用的大小,可分为三种静力计算方案:刚性方案、弹性方案和刚弹性方案。

(4)在混合结构房屋的设计时,为了保证墙、柱在施工和使用阶段的稳定性和整体性,需验算墙、柱高厚比,即要求墙、柱高厚比不超过允许高厚比。在具体验算时需考虑门窗洞口、自承重墙、壁柱和构造柱对允许高厚比的影响。混合结构房屋墙、柱高厚比可按下述方法验算。

①一般墙、柱高厚比验算:$\beta=H_0/h\leqslant\mu_1\mu_2[\beta]$

②带壁柱墙高厚比验算:$\begin{cases}整片墙:\beta=H_0/h_T\leqslant\mu_1\mu_2[\beta]\\壁柱间墙:\beta=H_0/h\leqslant\mu_1\mu_2[\beta]\end{cases}$

③带构造柱墙高厚比验算:$\begin{cases}整片墙:\beta=H_0/h\leqslant\mu_1\mu_2\mu_c[\beta]\\构造柱间墙:\beta=H_0/h\leqslant\mu_1\mu_2[\beta]\end{cases}$

(5)单层房屋墙柱的计算

①单层刚性方案房屋的计算简图:纵墙、柱下端在基础顶面处固接,上端与屋面大梁为不动铰支座;在荷载作用下的内力计算按结构力学方法确定。

②单层弹性方案房屋的计算简图:纵墙、柱下端嵌固于基础顶面,上端与屋架铰接的有侧移平面排架;在水平风荷载作用下内力可采用二步叠加法计算。

③单层刚弹性方案房屋的计算简图:在弹性方案基础上,考虑空间作用,在平面排架柱顶处加一弹性支座;其内力计算仍采用二步叠加法进行。

④选取墙柱的三个控制截面,进行截面承载力验算。

(6)多层房屋墙柱的计算

①多层刚性方案房屋的计算简图:在竖向荷载作用下,墙体在每层高度范围内均可简化为两端铰支的竖向构件;在水平荷载作用下,墙体视为以屋盖、各层楼盖为不动水平铰支座的多跨连续梁;仍选取墙体的三个控制截面,进行截面承载力验算。

②多层刚弹性方案房屋的计算简图类似于单层刚弹性方案房屋,在每层横梁与柱顶连接处加一弹性支座;然后采用二步叠加法计算其内力。

由于弹性方案房屋不考虑房屋的空间作用,通常厚度的多层房屋墙、柱不易满足承载力要求,故多层混合结构房屋应避免设计成弹性方案房屋。

(7)地下室墙体按刚性方案计算内力,其计算简图为两端铰接的竖向构件,需要考虑上部墙体传来的荷载、本层楼盖梁传来的荷载、土侧压力、静水压力及室外地面荷载。

思考题

5-1 混合结构房屋的结构布置方案有哪些?其特点是什么?

5-2 如何确定房屋的静力计算方案?

5-3 绘制单层混合结构房屋三种静力方案的计算简图。

5-4 为什么要验算墙、柱高厚比?怎样验算?

5-5 刚性方案房屋墙柱静力计算简图是怎样的?什么情况下可不考虑风荷载?

5-6 混合结构房屋墙柱承载力验算时,如何选取控制截面?

5-7 什么是上柔下刚多层房屋?

5-8 地下室墙有哪些特点?它的计算简图如何确定?内力计算时应考虑哪些荷载?

习题

5-1 某刚性方案房屋,砖柱截面尺寸为 $b \times h = 370 \text{ mm} \times 490 \text{ mm}$,采用 MU15 烧结多孔砖、M5 混合砂浆砌筑,层高为 4.5 m,试验算该柱的高厚比。

5-2 某混合结构办公楼左端底层平面图如图 5-35 所示,采用装配式钢筋混凝土楼(屋)盖,外墙厚为 370 mm,内纵墙与横墙厚为 240 mm,隔墙厚为 120 mm,底层墙高 $H = 4.8 \text{ m}$(从基础顶面算起),隔墙高 $H = 3.6 \text{ m}$。承重墙采用 M5 砂浆;隔墙采用 M2.5 砂浆。试验算底层墙的高厚比。

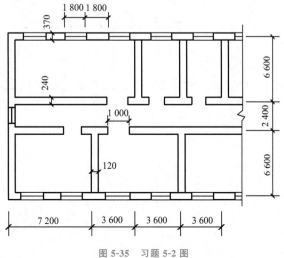

图 5-35 习题 5-2 图

5-3 某单层无吊车厂房,全长为 30 m,宽为 12 m,层高为 4.8 m,室内地坪到基础顶面的距离为 0.7 m,如图 5-36 所示,四周墙体采用 MU15 蒸压灰砂砖和 M5 砂浆砌筑,构造柱截面尺寸为 240 mm×240 mm,装配式无檩体系钢筋混凝土屋盖,计算单元柱顶受集中风荷载标准值 $W_k=0.6$ kN,迎风柱均布荷载 $q_{1k}=1.6$ kN/m,背风柱均布荷载 $q_{1k}=1.0$ kN/m,屋面恒载为 3.0 kN/m²,屋面活荷载为 0.5 kN/m²。试验算外纵墙和山墙的高厚比及纵墙的承载力。

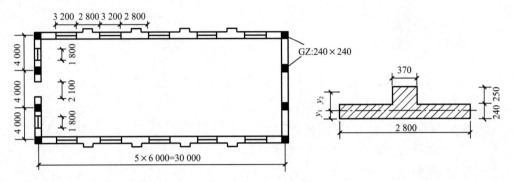

图 5-36 习题 5-3 图

5-4 在习题 5-3 条件下,计算当厂房长度为 36 m 和 78 m 时纵墙的弯矩。

5-5 某四层宿舍楼平面布置如图 5-37 所示,采用 190 mm 厚 MU10 混凝土砌块砌筑,Mb5 砂浆。屋盖恒荷载的标准值为 4.6 kN/m²,活荷载标准值为 0.5 kN/m²;楼盖恒荷载的标准值为 2.5 kN/m²,活荷载标准值为 2.0 kN/m²,窗重为 0.25 kN/m²,墙双面抹灰重 4.93 kN/m²,层高为 3.1 m,室内地坪到基础顶面的距离为 0.95 m。试验算各墙的高厚比和横墙的承载力。

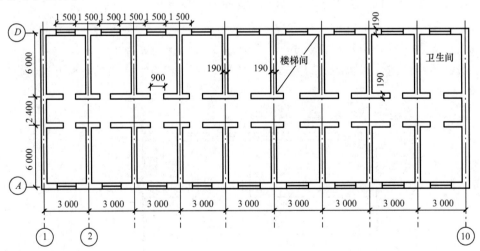

图 5-37 习题 5-5 图

第6章

过梁、圈梁、挑梁和墙梁

教学提示

　　本章叙述了过梁的分类及应用范围、过梁上荷载的取值以及过梁的计算方法;介绍了圈梁的设置和构造要求;讨论了挑梁的受力性能和破坏形态,并给出了挑梁的计算公式;较为详细地叙述了墙梁的受力性能和破坏形态,给出了墙梁在使用阶段和施工阶段的承载力计算公式,并通过例题进一步阐明了墙梁计算的方法和步骤。本章还叙述了墙体的一般构造要求和防止或减轻墙体开裂的构造措施。

教学要求

　　本章让学生了解圈梁的设置和构造要求;理解过梁、挑梁、墙梁的受力性能和破坏形态,并掌握这些构件的承载力计算方法和构造要求;深刻了解墙体的一般构造要求和防止或减轻墙体开裂的构造措施。

6.1　　过　　梁

6.1.1　过梁的分类及应用范围

　　设置在门窗洞口顶部承受洞口上部一定范围内荷载的梁称为过梁。常用的过梁有钢筋

混凝土过梁和砖砌过梁两类。砖砌过梁按其构造不同又分为钢筋砖过梁和砖砌平拱等形式。如图 6-1 所示。

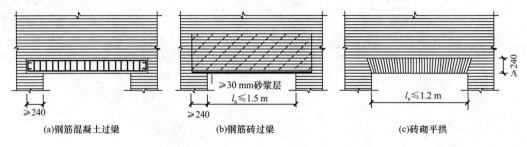

(a)钢筋混凝土过梁   (b)钢筋砖过梁   (c)砖砌平拱

图 6-1 过梁的分类

砖砌过梁延性较差,对振动荷载和地基不均匀沉降反应敏感,跨度也不宜过大。因此,对有较大振动荷载或可能产生不均匀沉降的房屋,或当门窗洞口宽度较大时,应采用钢筋混凝土过梁,钢筋混凝土过梁端部支承长度不宜小于 240 mm。《规范》规定:当过梁的跨度不大于 1.5 m 时,可采用钢筋砖过梁;不大于 1.2 m 时,可采用砖砌平拱过梁。

砖砌过梁的构造,应符合下列规定:

①砖砌过梁截面计算高度内的砂浆不宜低于 M5(Mb5、Ms5);

②砖砌平拱用竖砖砌筑部分的高度不应小于 240 mm;

③钢筋砖过梁底面砂浆层处的钢筋,其直径不应小于 5 mm,间距不宜大于 120 mm,钢筋伸入支座砌体内的长度不宜小于 240 mm,砂浆层的厚度不宜小于 30 mm。

6.1.2 过梁上的荷载

过梁上的荷载有两种:一种是仅承受一定高度范围的墙体荷载;另一种是除承受墙体荷载外,还承受过梁计算高度范围内梁板传来的荷载。试验表明,当过梁上的砖砌体采用水泥混合砂浆砌筑,砖的强度较高时,当砌筑的高度接近跨度的一半时,跨中挠度的增量明显减小。此时,过梁上砌体的当量荷载相当于高度等于跨度 1/3 的砌体自重。这是由于砌体砂浆随时间增长而逐渐硬化,参加工作的砌体高度不断增加,使砌体的组合作用不断增强。试验还表明,当在砖砌体高度等于跨度的 4/5 倍左右位置处施加外荷载时,过梁挠度变化极微。可以认为,在高度等于或大于跨度的砌体上施加荷载时,由于过梁与砌体的组合作用,施加在过梁上的荷载将通过墙体内的拱作用直接传给支座。为了简化计算,《规范》规定:过梁的荷载应按下列规定采用:

1. 梁、板荷载

对砖和砌块砌体,当梁、板下的墙体高度 h_w 小于过梁的净跨 l_n 时,过梁应计入梁、板传来的荷载。否则可不考虑梁、板荷载,如图 6-2 所示。

2. 墙体荷载

①对砖砌体,当过梁上的墙体高度 h_w 小于 $l_n/3$ 时,墙体荷载应按墙体的均布自重采用,否则应按高度为 $l_n/3$ 墙体的均布自重采用,如图 6-3(a)所示。

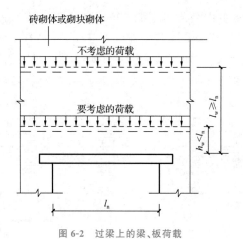

图 6-2　过梁上的梁、板荷载

②对砌块砌体,当过梁上的墙体高度 h_w 小于 $l_n/2$ 时,墙体荷载应按墙体的均布自重采用,否则应按高度为 $l_n/2$ 墙体的均布自重采用,如图 6-3(b)所示。

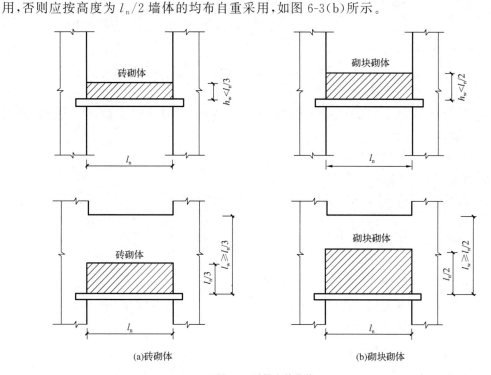

(a)砖砌体　　　　　　　　　　　(b)砌块砌体

图 6-3　过梁上的荷载

6.1.3　过梁的计算

　　如图 6-4 所示的砖砌过梁,当竖向荷载较小时,与受弯构件受力一样,上部受压,下部受拉。随着荷载的不断增加,当跨中竖向截面的拉应力或支座斜截面的主拉应力超过砌体的抗拉强度时,将先后在跨中出现竖向裂缝和在支座处出现阶梯形斜裂缝。这两种裂缝出现后,对于砖砌平拱过梁将形成由两侧支座水平推力来维持平衡的三铰拱,如图 6-4(a)所示。对于钢筋砖过梁将形成有钢筋承受拉力的有拉杆三铰拱,如图 6-4(b)所示。过梁破坏主要包括:过梁跨中截面因受弯承载力不足而破坏;过梁支座附近截面因受剪承载力不足,沿灰缝产生 45° 方向的阶梯形裂缝扩展而破坏;外墙端部因端部墙体宽度不够,引起水平灰缝的受剪承载力不足而发生支座滑动破坏。

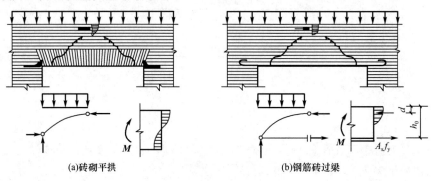

(a)砖砌平拱　　　　　　　　(b)钢筋砖过梁

图 6-4　砖砌过梁的破坏特征

1. 砖砌平拱的计算

根据过梁的工作特征和破坏形态,砖砌平拱过梁应进行跨中正截面的受弯承载力和支座斜截面的受剪承载力计算。

跨中正截面受弯承载力按式(3-36)计算,砌体的弯曲抗拉强度设计值 f_{tm} 采用沿齿缝截面的弯曲抗拉强度值。

支座截面的受剪承载力按式(3-37)计算。

2. 钢筋砖过梁的计算

根据过梁的工作特征和破坏形态,钢筋砖过梁应进行跨中正截面受弯承载力和支座斜截面受剪承载力计算。

① 受弯承载力按下式计算

$$M \leqslant 0.85 h_0 f_y A_s \tag{6-1}$$

式中　M——按简支梁计算的跨中弯矩设计值;

　　　f_y——受拉钢筋的抗拉强度设计值;

　　　A_s——受拉钢筋的截面面积;

　　　h_0——过梁截面的有效高度,$h_0 = h - a_s$;

　　　h——过梁的截面计算高度,取过梁底面以上的墙体高度,但不大于 $l_n/3$,当考虑梁、板传来的荷载时,则按梁、板下的高度采用;

　　　a_s——受拉钢筋重心至截面下边缘的距离。

② 钢筋砖过梁的受剪承载力仍按式(3-37)计算。

3. 钢筋混凝土过梁

钢筋混凝土过梁应按钢筋混凝土受弯构件计算。在验算过梁下砌体局部受压承载力时,可不考虑上层荷载的影响,其 $\psi = 0$;梁端的有效支承长度 a_0 可取过梁实际支承长度,但不应大于墙厚;梁端底面压应力图形完整系数 $\eta = 1.0$。

【例 6-1】　已知砖砌平拱过梁净跨 $l_n = 1.2$ m,墙厚为 240 mm,过梁构造高度为

240 mm,采用 MU15 蒸压灰砂普通砖和 M7.5 混合砂浆砌筑。求该过梁所能承受的均布荷载设计值。

【解】 查表 2-14 得 $f_{tm}=0.20$ N/mm^2,$f_v=0.10$ N/mm^2。

平拱过梁计算高度 $h=\dfrac{l_n}{3}=\dfrac{1.2}{3}=0.4$ m

受弯承载力为 $f_{tm}W=0.20\times\dfrac{1}{6}\times240\times400^2=1.28\times10^6$ N·mm$=1.28$ kN·m

平拱的允许均布荷载设计值 $q_1=\dfrac{8f_{tm}W}{l_n^2}=\dfrac{8\times1.28}{1.2^2}=7.11$ kN/m

内力臂 $z=\dfrac{2}{3}h=\dfrac{2}{3}\times400=267$ mm

受剪承载力为 $f_v bz=0.10\times240\times267=6\,408$ N$=6.408$ kN

其允许均布荷载设计值 $q_2=\dfrac{2f_v bz}{l_n}=\dfrac{2\times6.408}{1.2}=10.68$ kN/m

取 q_1 和 q_2 中的较小值,则 $q=7.11$ kN/m。

【例 6-2】 已知某墙窗洞口净宽 $l_n=1.5$ m,洞口上墙高 1.0 m,墙厚 240 mm,采用钢筋砖过梁,用 MU10 烧结普通砖和 M7.5 混合砂浆砌筑,钢筋采用 HPB300 级。在距洞口顶面 600 mm 处作用有楼板传来的荷载设计值 14 kN/m,砖墙自重为 5.24 kN/m^2。试设计该钢筋砖过梁。

【解】 查表 2-14 得 $f_v=0.14$ N/mm^2;钢筋的抗拉强度设计值 $f_y=270$ N/mm^2。

(1)内力计算

由于楼板下的墙体高度 $h_w=0.6$ m$<l_n=1.5$ m,故应考虑楼板传来的荷载。则作用在过梁上的均布荷载设计值为

$$q=1.3\times\frac{1.5}{3}\times5.24+14=17.41\text{ kN/m}$$

跨中弯矩 $M=\dfrac{ql_n^2}{8}=\dfrac{17.41\times1.5^2}{8}=4.90$ kN·m

支座剪力 $V=\dfrac{ql_n}{2}=\dfrac{17.41\times1.5}{2}=13.06$ kN

(2)受弯承载力计算

由于考虑楼板传来的荷载,故取梁高 h 为楼板以下的墙体高度,即取 $h=600$ mm。按砂浆层厚度为 30 mm,则有 $a_s=15$ mm,从而截面有效高度 $h_0=h-a_s=600-15=585$ mm。

钢筋面积 $A_s=\dfrac{M}{0.85h_0 f_y}=\dfrac{4.90\times10^6}{0.85\times585\times270}=36.5$ mm^2

选用 2ϕ6 钢筋($A_s=57$ mm^2)。

(3)受剪承载力计算

$$z=\frac{2h}{3}=\frac{2\times600}{3}=400\text{ mm}$$

$$f_v bz=0.14\times240\times400=13\,440\text{ N}=13.44\text{ kN}>V=13.06\text{ kN}$$

受剪承载力满足要求。

6.2 圈　　梁

过梁、圈梁、挑梁

　　在砌体结构房屋中,沿砌体墙水平方向设置封闭状的按构造配筋的混凝土梁式构件,称为圈梁。位于房屋±0.000以下基础顶面处设置的圈梁,称为地圈梁或基础圈梁。位于房屋檐口处的圈梁,称为檐口圈梁。

　　在房屋的墙体中设置圈梁,可以增强房屋的整体性和空间刚度,防止由于地基的不均匀沉降或较大振动荷载等对房屋引起的不利影响。

6.2.1　圈梁的设置

　　圈梁的设置通常根据房屋类型、层数、所受的振动荷载、地基情况等条件来决定圈梁设置的位置和数量。当房屋发生不均匀沉降时,墙体沿纵向发生弯曲。若把墙体比拟成钢筋混凝土梁,圈梁就成了其中的钢筋,砌体就成了砌筑的混凝土。因此,设置在基础顶面和檐口部位的圈梁抵抗不均匀沉降的作用最为有效。当房屋中部沉降较两端大时,位于纵向基础顶面的圈梁受拉,其作用较大。当房屋两端沉降较中部大时,位于房屋纵向檐口部位的圈梁受拉,其作用较大。

　　《规范》对在墙体中设置钢筋混凝土圈梁做了如下规定:

　　(1)厂房、仓库、食堂等空旷的单层房屋应按下列规定设置圈梁:

　　①砖砌体结构房屋,檐口标高为5~8 m时,应在檐口标高处设置圈梁一道;檐口标高大于8 m时,应增加设置数量。

　　②砌块及料石砌体结构房屋,檐口标高为4~5 m时,应在檐口标高处设置圈梁一道;檐口标高大于5 m时,应增加设置数量。

　　③对有吊车或较大振动设备的单层工业房屋,当未采取有效的隔振措施时,除在檐口或窗顶标高处设置现浇钢筋混凝土圈梁外,尚应增加设置数量。

　　(2)多层工业与民用建筑应按下列规定设置圈梁:

　　①住宅、办公楼等多层砌体结构民用房屋,且层数为3层~4层时,应在底层和檐口标高处各设置一道圈梁。当层数超过4层时,除应在底层和檐口标高处各设置一道圈梁外,至少应在所有纵、横墙上隔层设置。多层砌体工业房屋,应每层设置现浇混凝土圈梁。设置墙梁的多层砌体结构房屋,应在托梁、墙梁顶面和檐口标高处设置现浇钢筋混凝土圈梁;

　　②采用现浇混凝土楼(屋)盖的多层砌体结构房屋,当层数超过5层时,除应在檐口标高处设置一道圈梁外,可隔层设置圈梁,并应与楼(屋)面板一起现浇。未设置圈梁的楼面板嵌入墙内的长度不应小于120 mm,应沿墙长配置不少于2根直径为10 mm的纵向钢筋。

　　(3)建筑在软弱地基或不均匀地基上的砌体结构房屋,除按上述规定设置圈梁外,尚应符合现行国家标准《建筑地基基础设计规范》(GB 50007—2011)的有关规定。

6.2.2 圈梁的构造要求

①圈梁宜连续地设在同一水平面上,并形成封闭状;当圈梁被门窗洞口截断时,应在洞口上部增设相同截面的附加圈梁,附加圈梁与圈梁的搭接长度不应小于其中到中垂直间距的2倍,且不得小于1 m,如图 6-5 所示。

②纵横墙交接处的圈梁应有可靠的连接,如图 6-6 所示。刚弹性和弹性方案房屋,圈梁应与屋架、大梁等构件可靠连接。

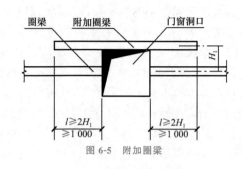

图 6-5 附加圈梁

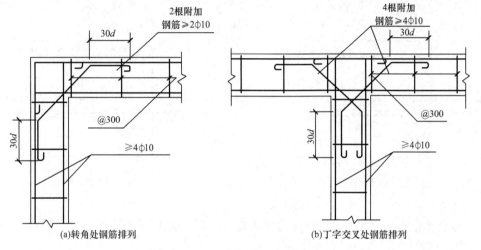

(a)转角处钢筋排列 (b)丁字交叉处钢筋排列

图 6-6 圈梁连接构造图

③混凝土圈梁的宽度宜与墙厚相同,当墙厚不小于 240 mm 时,其宽度不宜小于墙厚 2/3。圈梁高度不应小于 120 mm。纵向钢筋数量不应少于 4 根,直径不应小于 10 mm,绑扎接头的搭接长度按受拉钢筋考虑,箍筋间距不应大于 300 mm。

④圈梁兼做过梁时,过梁部分的钢筋应按计算面积另行增配。

6.3 挑 梁

在砌体结构房屋中,一端嵌入墙内,另一端悬挑在墙外,以承受外走廊、阳台或雨篷等传来荷载的钢筋混凝土梁称为挑梁。

6.3.1 挑梁的受力性能及破坏形态

埋置于砌体中的挑梁构件实际上是与砌体共同工作的。在砌体上的均布荷载和挑梁端部集中力 **F** 作用下经历了弹性、界面水平裂缝发展及破坏三个受力阶段。

弹性阶段,在砌体自重及上部荷载作用下,在挑梁埋入部分上、下界面将产生压应力 **σ_0**。当在悬挑端施加集中力 **F** 后,在墙边截面处的挑梁内将产生弯矩和剪力,并形成如图 6-7 所示的竖向正应力分布,此正应力与 **σ_0** 叠加。

当挑梁与砌体的上界面墙边竖向拉应力超过砌体沿通缝的抗拉强度时,将出现水平裂缝①,如图 6-8 所示。随着荷载的增大,水平裂缝①不断向内发展,随后在挑梁埋入端下界面出现水平裂缝②,并随着荷载的增大逐步向墙边发展,挑梁由上翘趋势。随后在挑梁埋入端上角出现阶梯形斜裂缝③,试验表明,其与竖向轴线的夹角平均值为 57°。水平裂缝②的发展使挑梁下砌体受压区不断减小,有时会出现局部受压裂缝④。

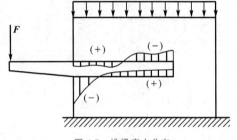

图 6-7 挑梁应力分布

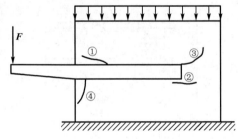

图 6-8 挑梁裂缝

挑梁最后可能发生下述三种破坏形态:

①抗倾覆力矩小于倾覆力矩而使挑梁绕其下表面与砌体外缘交点处稍向内移的一点转动发生倾覆破坏,如图 6-9(a)所示。

②当压应力超过砌体的局部抗压强度时,挑梁下的砌体将发生局部受压破坏,如图 6-9(b)所示。

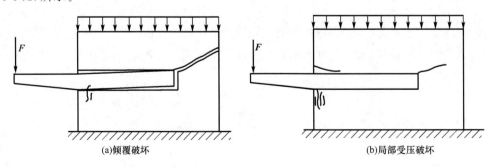

(a)倾覆破坏   (b)局部受压破坏

图 6-9 挑梁破坏形态

③挑梁倾覆点附近由于正截面受弯承载力或斜截面受剪承载力不足引起弯曲破坏或剪切破坏。

对于阳台、雨篷这类垂直于墙段挑出的构件,当其发生倾覆破坏时,将在雨篷或阳台梁沿墙面产生阶梯斜裂缝。根据试验统计,其与竖轴的夹角平均值为 57°。

6.3.2 挑梁的计算

根据埋入砌体中钢筋混凝土挑梁的受力特点和破坏形态,挑梁需进行抗倾覆验算、挑梁下砌体的局部受压承载力验算和挑梁本身的承载力计算。

1.挑梁抗倾覆验算

砌体墙中钢筋混凝土挑梁的抗倾覆应按下式验算

$$M_{ov} \leqslant M_r \tag{6-2}$$

式中 M_{ov}——挑梁的荷载设计值对计算倾覆点产生的倾覆力矩;

M_r——挑梁的抗倾覆力矩设计值。

试验表明,挑梁倾覆破坏时其倾覆点并不在墙边,而在距墙外边缘 x_0 处。挑梁下压应力分布为上凸曲线,压应力合力距墙边约为 $0.25a$,a 为压应力分布长度。根据试验统计可取 $a=1.2h_0$。因此,挑梁计算倾覆点至墙外边缘的距离可按下列规定采用:

①当 $l_1 \geqslant 2.2h_b$ 时,可按下式计算,且其结果不应大于 $0.13l_1$

$$x_0 = 0.3h_b \tag{6-3}$$

②当 $l_1 < 2.2h_b$ 时,可按下式计算

$$x_0 = 0.13l_1 \tag{6-4}$$

式中 l_1——挑梁埋入砌体墙中的长度,mm;

x_0——计算倾覆点至墙外边缘的距离,mm;

h_b——挑梁的截面高度,mm。

当挑梁下设有混凝土构造柱或垫梁时,考虑到对抗倾覆的有利作用,计算倾覆点到墙外边缘的距离可取 $0.5x_0$。

试验表明,由于挑梁与砌体的共同工作,挑梁倾覆时将在其埋入端角部砌体形成阶梯形斜裂缝。斜裂缝以上的砌体及作用在上面的楼(屋)盖荷载均可起到抗倾覆作用。斜裂缝与竖轴夹角称为扩散角,可偏于安全地取 $45°$,如图 6-10 所示。这样,挑梁的抗倾覆力矩设计值可按下式计算

$$M_r = 0.8G_r(l_2 - x_0) \tag{6-5}$$

式中 G_r——挑梁的抗倾覆荷载,为挑梁尾端上部 $45°$ 扩展角的阴影范围(其水平长度为 l_3)内本层的砌体与楼面恒荷载标准值之和,如图 6-10 所示;当上部楼层无挑梁时,抗倾覆荷载中可计及上部楼层的楼面永久荷载;

l_2——G_r 的作用点至墙外边缘的距离。

图 6-10 中 l_3 应按下列原则取值:

①无洞口:当 $l_3 \leqslant l_1$ 时,取实际扩展的长度,如图 6-10(a)所示;当 $l_3 > l_1$ 时,取 $l_3 = l_1$,如图 6-10(b)所示。

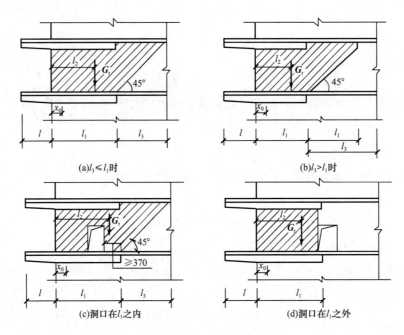

图 6-10　挑梁的抗倾覆荷载

②有洞口：当洞口在 l_1 之内时，按无洞口的取值原则，如图 6-10(c)所示；当洞口在 l_1 之外时，$l_3=0$，阴影范围只计算到洞口边，如图 6-10(d)所示。

2. 挑梁下砌体的局部受压承载力验算

挑梁下砌体的局部受压承载力可按下式验算

$$N_l \leqslant \eta\gamma f A_l \tag{6-6}$$

式中　N_l——挑梁下的支承压力，可取 $N_l=2R$，R 为挑梁的倾覆荷载设计值；

η——梁端底面压应力图形的完整系数，可取 0.7；

γ——砌体局部抗压强度提高系数，对如图 6-11(a)所示矩形截面墙段(一字墙)，$\gamma=1.25$，对如图 6-11(b)所示 T 形截面墙段(丁字墙)，$\gamma=1.5$；

A_l——挑梁下砌体局部受压面积，可取 $A_l=1.2bh_b$，b 为挑梁的截面宽度，h_b 为挑梁的截面高度。

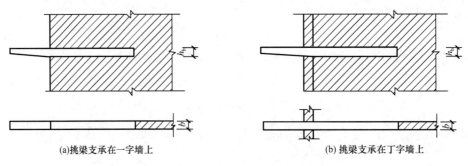

(a)挑梁支承在一字墙上　　　　　　　　(b)挑梁支承在丁字墙上

图 6-11　挑梁下砌体局部受压

3.挑梁承载力计算

由于倾覆点不在墙边而在离墙边 x_0 处,以及墙内挑梁上、下界面压应力作用,可以看出,挑梁承受的最大弯矩 M_{max} 在接近 x_0 处,最大剪力 V_{max} 在墙边,故

$$M_{max}=M_0 \tag{6-7}$$
$$V_{max}=V_0 \tag{6-8}$$

式中　M_0——挑梁的荷载设计值对计算倾覆点截面产生的弯矩;

　　V_0——挑梁的荷载设计值在挑梁墙外边缘处截面产生的剪力。

4.雨篷等悬挑构件抗倾覆验算

雨篷等悬梁构件抗倾覆验算仍可按式(6-2)、式(6-5)进行。其抗倾覆荷载 G_r 可按图 6-12 采用,G_r 距墙外边缘的距离为墙厚的 $1/2$,l_3 为门窗洞口净跨的 $1/2$。

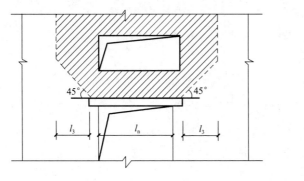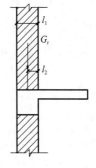

图 6-12　雨篷的抗倾覆荷载

6.3.3　挑梁构造要求

挑梁设计除应符合国家现行《混凝土结构设计规范》(GB 50010—2010)(2015 年版)有关规定外,还应满足下列要求:

①纵向受力钢筋至少应有 $1/2$ 的钢筋面积伸入梁尾端,且不少于 2φ12。其余钢筋伸入支座的长度不应小于 $2l_1/3$。

②挑梁埋入砌体长度 l_1 与挑出长度 l 之比不宜大于 1.2;当挑梁上无砌体时,l_1 与 l 之比宜大于 2。

【例 6-3】　某混合结构房屋阳台的钢筋混凝土挑梁埋置于丁字形截面的墙体中,如图 6-13 所示。挑梁挑出长度 $l=1.5$ m,埋入横墙内的长度 $l_1=2.0$ m,挑梁截面尺寸 $b \times h_b=240$ mm×350 mm。房屋层高为 3 m,墙厚 240 mm,墙体采用 MU10 普通烧结砖、M5 混合砂浆砌筑。挑梁自重标准值为 2.1 kN/m,墙体自重标准值为 5.24 kN/m²;挑梁上的集中荷载标准值 $F_{1k}=6.6$ kN,均布永久荷载标准值 g_{1k}、g_{2k}、g_{3k} 分别为 11 kN/m、9 kN/m、13 kN/m,均布活荷载标准值 q_{1k}、q_{2k}、q_{3k} 分别为 8 kN/m、6 kN/m、6 kN/m。挑梁混凝土强度等级为

C30，主筋采用 HRB400 级钢筋，箍筋采用 HPB300 级钢筋。试设计该挑梁。

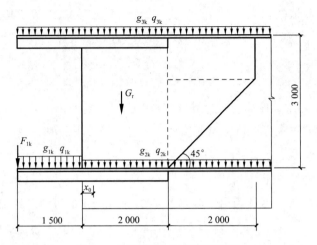

图 6-13　钢筋混凝土挑梁承受的荷载

【解】　(1)抗倾覆验算

$$l_1 = 2\,000 \text{ mm} > 2.2h_b = 2.2 \times 350 = 770 \text{ mm}$$

故，$x_0 = 0.3h_b = 0.3 \times 350 = 105 \text{ mm} < 0.13l_1 = 260 \text{ mm}$。

倾覆力矩由阳台上的荷载 F_{1k}、g_{1k}、q_{1k} 和挑梁自重产生。

荷载分项系数：取永久荷载为 1.3、活荷载 1.5。

$$
\begin{aligned}
M_{ov} &= 1.3 \times [6.6 \times (1.5 + 0.105) + (11 + 2.1) \times (1.5 + 0.105)^2/2] + 1.5 \times 8 \times \\
&\quad (1.5 + 0.105)^2/2 \\
&= 51.16 \text{ kN} \cdot \text{m}
\end{aligned}
$$

抗倾覆力矩

$$
\begin{aligned}
M_r &= 0.8G_r(l_2 - x_0) \\
&= 0.8 \times [(9 + 2.1) \times 2 \times (1 - 0.105) + 5.24 \times 2 \times (3 - 0.35) \times (1 - 0.105) + \\
&\quad 5.24 \times 2 \times (3 - 2) \times (1 + 2 - 0.105) + 5.24 \times 2^2/2 \times (2/3 + 2 - 0.105)] \\
&= 102.25 \text{ kN} \cdot \text{m}
\end{aligned}
$$

由于 $M_r > M_{ov}$，故挑梁抗倾覆满足要求。

(2)挑梁下砌体局部受压验算

$$
\begin{aligned}
N_l &= 2R = 2 \times \{1.3 \times [6.6 + (11 + 2.1) \times (1.5 + 0.105)] + 1.5 \times 8 \times (1.5 + 0.105)\} \\
&= 110.35 \text{ kN}
\end{aligned}
$$

取梁端底面压应力图形的完整系数 $\eta = 0.7$，砌体局部抗压强度提高系数 $\gamma = 1.5$，查表 2-7 得砌体抗压强度设计值 $f = 1.5 \text{ N/mm}^2$。

局部受压面积　$A_l = 1.2bh_b = 1.2 \times 240 \times 350 = 100\,800 \text{ mm}^2$

$\eta\gamma f A_l = 0.7 \times 1.5 \times 1.5 \times 100\,800 = 158\,760 \text{ N} = 158.75 \text{ kN} > 110.35 \text{ kN}$

故挑梁下砌体局部抗压强度满足要求。

（3）挑梁承载力计算

挑梁最大弯矩　$M_{max}=M_{ov}=51.16$ kN·m

挑梁最大剪力：

$$V_{max}=V_o=1.3\times[6.6+(11+2.1)\times1.5]+1.5\times8\times1.5=52.13\ kN$$

算得纵筋面积 $A_s=491.44$ mm²，箍筋按构造配置。选用 $2\phi16+1\phi12$ 纵筋和 $\phi6@200$ 双肢箍筋。

6.4　墙　梁

6.4.1　概　述

由钢筋混凝土托梁和梁上计算高度范围内的砌体墙组成的组合构件称为墙梁。墙梁在工业与民用建筑中都有较广泛的应用，如民用建筑中的底层为商店、上部为住宅的房屋，工业建筑中的基础梁、连续梁等。墙梁按承受荷载性质分为自承重墙梁和承重墙梁，只承受托梁自重和托梁顶面以上墙体自重的墙梁，称为自承重墙梁，若除承受托梁自重和托梁顶面以上墙体自重外，还要承受梁、板传来的荷载，则称为承重墙梁。按支承条件的不同又可分为简支墙梁、连续墙梁和框支墙梁，如图 6-14 所示。

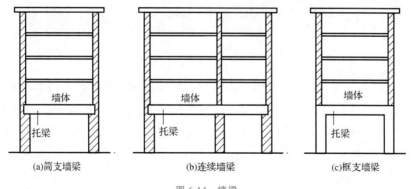

(a)简支墙梁　　　　(b)连续墙梁　　　　(c)框支墙梁

图 6-14　墙梁

为保证墙体与托梁具有较强的组合作用，避免某些低承载力的破坏形体发生，同时根据实际工程情况和墙梁的试验范围，《规范》规定，采用烧结普通砖砌体、混凝土普通砖砌体、混凝土多孔砖砌体和混凝土砌块砌体的墙梁设计应符合下列规定。

①墙梁设计应符合表 6-1 的规定。

表 6-1　　　　　　　　　　墙梁的一般规定

墙梁类别	墙体总高度/m	跨度/m	墙体高跨比 h_w/l_{0i}	托梁高跨比 h_b/l_{0i}	洞宽比 b_h/l_{0i}	洞高 h_h
承重墙梁	≤18	≤9	≥0.4	≥1/10	≤0.3	≤$5h_w/6$ 且 h_w-h_h≥0.4 m
自承重墙梁	≤18	≤12	≥1/3	≥1/15	≤0.8	—

注:墙体总高度指托梁顶面到檐口的高度,带阁楼的坡屋面应算到山尖墙1/2高度处。

②墙梁计算高度范围内每跨允许设置一个洞口,洞口高度,对窗洞取洞顶至托梁顶面距离。对自承重墙梁,洞口至边支座中心的距离不应小于 $0.1l_{0i}$,门窗洞上口至墙顶的距离不应小于 0.5 m。

③洞口边缘至支座中心的距离,距边支座不应小于墙梁计算跨度的 15%,距中支座不应小于墙梁计算跨度的 7%。托梁支座处上部墙体设置混凝土构造柱,且构造柱边缘至洞口边缘的距离不小于 240 mm 时,洞口边至支座中心距离的限制可不受本规定限制。

④托梁高跨比,对无洞口墙梁不宜大于 1/7,对靠近支座有洞口的墙梁不宜大于 1/6。配筋砌块砌体墙梁的托梁高跨比可适当放宽,但不宜小于 1/14;当墙梁结构中的墙体均为配筋砌块砌体时,墙体总高度可不受本规定限制。

6.4.2　简支墙梁的受力性能和破坏形态

当钢筋混凝土托梁及其上墙体达到一定强度后,墙体和托梁将共同工作而形成墙梁组合构件。在墙梁顶面荷载作用下,其受力如同两种材料组成的深梁,但洞口的开设及洞口位置会影响其受力性能。

1. 无洞口墙梁

如图 6-15 所示为顶面作用均布荷载的无洞口简支墙梁。在竖向均布荷载作用下,当托梁的拉应力超过混凝土的抗拉强度时,托梁跨中将首先出现多条竖向裂缝①,且很快延伸至托梁顶及墙体中,如图 6-15(a)所示。裂缝导致托梁刚度的削弱,引起墙体内应力重分布,使主压应力向支座附近集中;当墙体中主拉应力超过砌体的抗拉强度时,在支座上方墙体中出现斜裂缝②,如图 6-15(b)所示。荷载继续增加,裂缝向斜上方及斜下方延伸,随后穿过墙体和托梁界面,形成托梁端部较陡的上宽下窄的斜裂缝;临近破坏时,由于界面中段存在的垂直拉应力而导致出现水平裂缝③,如图 6-15(c)所示。支座区段始终保持托梁与墙体紧密相连,共同工作,墙梁在临近破坏时将形成以支座上方斜向墙体为拱肋、以托梁为拉杆的组合拱模型,如图 6-15(d)所示。

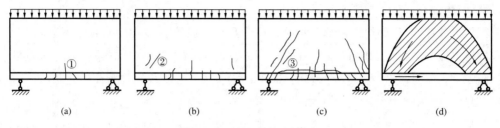

图 6-15 无洞口墙梁受力状态

2. 有洞口墙梁

对于有洞口墙梁,随洞口位置的不同,具有不同的受力性能。当洞口位于墙梁跨中时,洞口处于墙体的低应力区,虽然开洞后墙体有所削弱,但并未严重干扰拉杆拱受力机构,故跨中开洞墙梁的受力性能与无洞口墙梁相同,如图 6-16(a)所示。

对于偏开洞口的墙梁,墙体顶部荷载一部分向两支座传递,另一部分则传向门洞内侧附近的托梁上,墙体呈大拱套小拱的受力形式,如图 6-16(b)所示。托梁既作为大拱的拉杆承受拉力,又作为小拱一端的弹性支座,承受小拱传下的竖向压力。故偏开洞口墙梁可视为梁—拱组合受力机构。

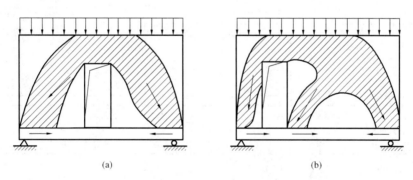

图 6-16 有洞口墙梁受力状态

3. 墙梁的破坏形态

根据试验研究,影响墙梁破坏形态的因素很多,例如墙体高跨比、托梁高跨比、砌体及混凝土强度等级、托梁纵筋配筋率、加荷方式、墙体开洞情况以及有无翼墙等。由于这些因素的不同,墙梁可能发生以下几种破坏形态。

(1)弯曲破坏

当托梁中钢筋较少而砌体强度相对较高,且 h_w/l_0 较小时,墙梁在竖向荷载作用下一般先在梁跨中出现垂直裂缝。随着荷载的增加,垂直裂缝迅速向上伸延,并穿过梁与墙的界面进入墙体。当托梁主裂缝截面的下部和上部钢筋先后达到屈服时,墙梁发生沿跨中垂直截面的弯曲破坏,如图 6-17(a)所示。

(2)剪切破坏

当托梁钢筋较多而砌体强度相对较低,且 $h_w/l_0<0.75$ 时,易在靠近支座上部的砌体中出现因主拉应力或者主压应力过大而引起的斜裂缝,导致墙体剪切破坏。剪切破坏的形态

有：斜拉破坏、斜压破坏、劈裂破坏。

①斜拉破坏：由于砌体沿齿缝的抗拉强度不足以抵抗主拉应力而形成沿灰缝阶梯形上升的比较平缓的斜裂缝，如图 6-17(b) 所示。一般当 $h_w/l_0 < 0.4$，且砂浆强度等级较低，或剪跨比 a_0/l_0 较大时，易发生这种破坏。这种破坏形态开裂荷载和破坏荷载比较接近，破坏突然，属脆性破坏。

②斜压破坏：由于砌体的斜向抗压强度不足以抵抗主压应力而引起的组合拱肋斜向压坏，如图 6-17(d)、(e) 所示。这种破坏的特点是裂缝陡峭，倾斜角达 $55° \sim 60°$；裂缝较多且穿过砖和灰缝，破坏时有压碎的砌体碎屑。其开裂荷载和受剪承载力均较大。一般 $h_w/l_0 > 0.4$ 或剪跨比 a_0/l_0 较小时易发生这种破坏。

③劈裂破坏：在集中荷载作用下，斜裂缝多出现在支座垫板与荷载作用点的连线上。斜裂缝出现突然，延伸较长，有时伴有混凝土被劈裂的声响，开裂不久，即沿一条上、下贯通的主要斜裂缝破坏，如图 6-17(c) 所示。开裂荷载与破坏荷载接近，破坏没有预兆。

当托梁混凝土强度等级较低时，也可能发生托梁的剪切破坏。破坏截面靠近支座附近，斜裂缝较陡，且上宽下窄。

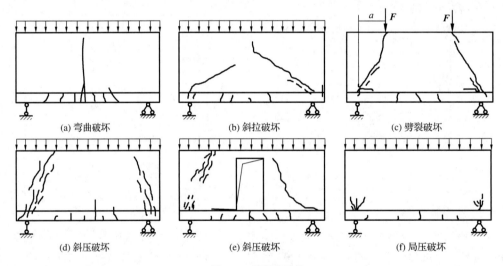

(a) 弯曲破坏　　　　　　(b) 斜拉破坏　　　　　　(c) 劈裂破坏

(d) 斜压破坏　　　　　　(e) 斜压破坏　　　　　　(f) 局压破坏

图 6-17　墙梁的破坏

(3) 局压破坏

在支座上方砌体中，由于竖向正应力形成较大的应力集中，当其超过砌体的局部抗压强度时，则将产生支座上方较小范围砌体局部压碎现象，称为局压破坏，如图 6-17(f) 所示。一般当托梁较强，砌体相对较弱，且 $h_w/l_0 > 0.75$ 时可能发生这种破坏。当墙梁两端设置翼墙时，可以提高托梁上砌体的局部受压承载力。

此外，若纵筋锚固不足，支座垫板或加荷垫板尺寸过小或刚度不足，也可能发生垫板处砌体或托梁的局部破坏。这种破坏可采取相应的构造措施来防止。

6.4.3 墙梁的设计计算

1.墙体的计算简图

墙梁的计算简图,应按图 6-18 采用。各计算参数应符合下列规定:

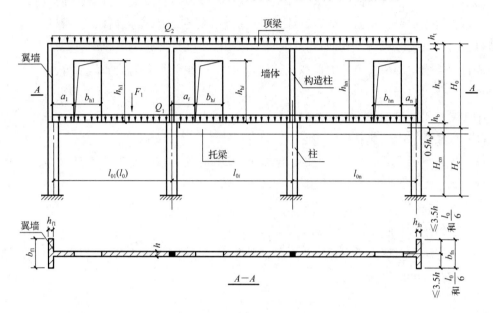

图 6-18 墙梁的计算简图

$l_0(l_{0i})$—墙梁计算跨度;h_w—墙体计算高度;h—墙体厚度;

H_0—墙梁跨中截面计算高度;b_{f1}—翼墙计算宽度;H_c—框架柱计算高度;

b_{hi}—洞口宽度;h_{hi}—洞口高度;a_i—洞口边缘至支座中心的距离;

Q_1、F_1—承重墙梁的托梁顶面的荷载设计值;Q_2—承重墙梁的墙梁顶面的荷载设计值

(1)墙梁计算跨度

对简支墙梁和连续墙梁取净跨的 1.1 倍或支座中心线距离的最小值。框支墙梁支座中心线距离,取框架柱轴线间的距离。

(2)墙体计算高度

墙体计算高度,取托梁顶面上一层墙体(包括顶梁)高度。当 h_w 大于 l_0 时,取 h_w 等于 l_0(对连续墙梁和多跨框支墙梁,l_0 取各跨的平均值)。

(3)墙梁跨中截面计算高度

墙梁跨中截面计算高度,取 $H_0 = h_w + 0.5h_b$。

(4)翼墙计算宽度

翼墙计算宽度,取窗间墙宽度或横墙间距的 2/3,且每边不大于 3.5 倍的墙体厚度和墙梁计算跨度的 $l/6$。

(5)框架柱计算高度

框架柱计算高度,取 $H_c = H_{cn} + 0.5h_b$, H_{cn} 为框架柱的净高,取基础顶面至托梁底面的距离。

2. 墙梁的计算荷载

(1)使用阶段墙梁上的荷载

①承重墙梁的托梁顶面的荷载设计值,取托梁自重及本层楼盖的恒荷载和活荷载。

②承重墙梁的墙梁顶面的荷载设计值,取托梁以上各层墙体自重,以及墙梁顶面以上各层楼(屋)盖的恒荷载和活荷载;集中荷载可沿作用的跨度近似化为均布荷载。

③自承重墙梁的墙梁顶面的荷载设计值,取托梁自重及托梁以上墙体自重。

(2)施工阶段托梁上的荷载

①托梁自重及本层楼盖的恒荷载。

②本层楼盖的施工荷载。

③墙体自重,可取高度为 $l_{0max}/3$ 墙体自重,开洞时尚应按洞顶以下实际分布的墙体自重复核;l_{0max} 为各计算跨度的最大值。

3. 墙梁的托梁正截面承载力计算

(1)托梁跨中截面

托梁跨中截面应按混凝土偏心受拉构件计算,第 i 跨跨中最大弯矩设计值 M_{bi} 及轴心拉力设计值 N_{bti} 可按下列公式计算

$$M_{bi} = M_{1i} + \alpha_M M_{2i} \tag{6-9}$$

$$N_{bti} = \eta_N \frac{M_{2i}}{H_0} \tag{6-10}$$

当为简支梁时

$$\alpha_M = \psi_M \left(1.7 \frac{h_b}{l_0} - 0.03\right) \tag{6-11}$$

$$\psi_M = 4.5 - 10 \frac{a}{l_0} \tag{6-12}$$

$$\eta_N = 0.44 + 2.1 \frac{h_w}{l_0} \tag{6-13}$$

当为连续墙梁和框支墙梁时

$$\alpha_M = \psi_M \left(2.7 \frac{h_b}{l_{0i}} - 0.08\right) \tag{6-14}$$

$$\psi_M = 3.8 - 8.0 \frac{a_i}{l_{0i}} \tag{6-15}$$

$$\eta_N = 0.8 + 2.6 \frac{h_w}{l_{0i}} \tag{6-16}$$

式中　M_{1i}——荷载设计值 Q_1、F_1 作用下的简支梁跨中弯矩或按连续梁、框架分析的托梁第 i 跨跨中最大弯矩;

M_{2i}——荷载设计值 Q_2 作用下的简支梁跨中弯矩或按连续梁、框架分析的托梁第 i 跨跨中最大弯矩;

α_M——考虑墙梁组合作用的托梁跨中截面弯矩系数,可按公式(6-11)或(6-14)计算,但对自承重简支墙梁应乘以折减系数 0.8,当公式(6-11)中的 $h_b/l_0>1/6$ 时,取 $h_b/l_0=1/6$,当公式(6-11)中的 $h_b/l_{0i}>1/7$ 时,取 $h_b/l_{0i}=1/7$,当 $\alpha_M>1.0$ 时,取 $\alpha_M=1.0$;

η_N——考虑墙梁组合作用的托梁跨中截面轴力系数,可按公式(6-13)或式(6-16)计算,但对自承重简支墙梁应乘以折减系数 0.8,当 $h_w/l_{0i}>1$ 时,取 $h_w/l_{0i}=1$;

ψ_M——洞口对托梁跨中截面弯矩的影响系数,对无洞口墙梁取 1.0,对有洞口墙梁可按公式(6-12)或(6-15)计算;

a_i——洞口边缘至墙梁最近支座中心的距离,当 $a_i>0.35\,l_{0i}$ 时,取 $a_i=0.35\,l_{0i}$。

(2)托梁支座截面

托梁支座截面应按混凝土受弯构件计算,第 j 支座的弯矩设计值 M_{bj} 可按下列公式计算

$$M_{bj}=M_{1j}+\alpha_M M_{2j} \tag{6-17}$$

$$\alpha_M=0.75-\frac{a_i}{l_{0i}} \tag{6-18}$$

式中 M_{1j}——荷载设计值 Q_1、F_1 作用下按连续梁或框架分析的托梁第 j 支座截面的弯矩设计值;

M_{2j}——荷载设计值 Q_2 作用下按连续梁或框架分析的托梁第 j 支座截面的弯矩设计值;

α_M——考虑墙梁组合作用的托梁支座截面弯矩系数,无洞口墙梁取 0.4,有洞口墙梁可按公式(6-18)计算。

4.墙梁的托梁斜截面受剪承载力计算

试验表明,托梁的剪切破坏一般都发生在墙体剪切破坏之后。仅当托梁混凝土强度等级较低,箍筋较少时才先于墙体发生剪切破坏。梁斜截面受剪承载力应按混凝土受弯构件计算,第 j 支座边缘截面的剪力设计值 V_{bj} 可按下式计算

$$V_{bj}=V_{1j}+\beta_v V_{2j} \tag{6-19}$$

式中 V_{1j}——荷载设计值 Q_1、F_1 作用下按简支、连续梁或框架分析的托梁第 j 支座边缘截面剪力设计值;

V_{2j}——荷载设计值 Q_2 作用下按简支、连续梁或框架分析的托梁第 j 支座边缘截面剪力设计值;

β_v——考虑墙梁组合作用的托梁剪力系数,无洞口墙梁边支座截面取 0.6,中间支座截面取 0.7;有洞口墙梁边支座截面取 0.7,中间支座截面取 0.8;对自承重墙梁,无洞口时取 0.45,有洞口时取 0.5。

5. 墙梁的墙体受剪承载力验算

墙梁的墙体受剪承载力,应按下式验算

$$V_2 \leqslant \xi_1\xi_2\left(0.2+\frac{h_b}{l_{0i}}+\frac{h_t}{l_{0i}}\right)fhh_w \tag{6-20}$$

式中　V_2——在荷载设计值 Q_2 作用下墙梁支座边缘截面剪力的最大值;

　　　ξ_1——翼墙影响系数,对单层墙梁取 1.0,对多层墙梁,当 $b_f/h=3$ 时取 1.3,当 $b_f/h=7$ 时取 1.5,当 $3<b_f/h<7$ 时,按线性插入取值;

　　　ξ_2——洞口影响系数,无洞口墙梁取 1.0,多层有洞口墙梁取 0.9,单层有洞口墙梁取 0.6;

　　　h_t——墙梁顶面圈梁截面高度。

当墙梁支座处墙体中设置上、下贯通的落地混凝土构造柱,且其截面不小于 240 mm×240 mm 时,可不验算墙梁的墙体受剪承载力。

6. 托梁支座上部砌体局部受压承载力验算

托梁支座上部砌体局部受压承载力,应按下列公式验算

$$Q_2 \leqslant \zeta fh \tag{6-21}$$

$$\zeta=0.25+0.08\frac{b_f}{h} \tag{6-22}$$

式中　ζ——局压系数。

当墙梁的墙体中设置上、下贯通的落地混凝土构造柱,且其截面不小于 240 mm×240 mm 时,或当 b_f/h 大于等于 5 时,可不验算托梁支座上部砌体局部受压承载力。

7. 托梁在施工阶段的承载力验算

墙梁是在托梁上砌筑砌体而逐渐形成的,故托梁应按混凝土受弯构件进行施工阶段的受弯、受剪承载力验算。

6.4.4　墙梁的构造

墙梁的构造应符合下列规定:

①托梁和框支柱的混凝土强度等级不应低于 C30。

②承重墙梁的块体强度等级不应低于 MU10,计算高度范围内墙体的砂浆强度等级不应低于 M10(Mb10)。

③框支墙梁的上部砌体房屋,以及设有承重的简支墙梁或连续墙梁的房屋,应满足刚性方案房屋的要求。

④墙梁的计算高度范围内的墙体厚度,对砖砌体不应小于 240 mm,对混凝土砌块砌体不应小于 190 mm。

⑤墙梁洞口上方应设置混凝土过梁,其支承长度不应小于 240 mm;洞口范围内不应施

加集中荷载。

⑥承重墙梁的支座处应设置落地翼墙,翼墙宽度,对砖砌体不应小于 240 mm,对混凝土砌块砌体不应小于 190 mm,翼墙宽度不应小于墙梁墙体厚度的 3 倍,并与墙梁墙体同时砌筑。当不能设置翼墙时,应设置落地且上、下贯通的混凝土构造柱。

⑦当墙梁墙体在靠近支座 1/3 跨度范围内开洞时,支座处应设置落地且上、下贯通的混凝土构造柱,并应与每层圈梁连接。

⑧墙梁计算高度范围内的墙体,每天可砌筑高度不应超过 1.5 m,否则,应加设临时支撑。

⑨托梁两侧各两个开间的楼盖应采用现浇混凝土楼盖,楼板厚度不应小于 120 mm,当楼板厚度大于 150 mm 时,应采用双层双向钢筋网,楼板上应少开洞,洞口尺寸大于 800 mm 时应设洞口边梁。

⑩托梁每跨底部的纵向受力钢筋应通长设置,不应在跨中弯起或截断;钢筋连接应采用机械连接或焊接。

⑪托梁跨中截面的纵向受力钢筋总配筋率不应小于 0.6%。

⑫托梁上部通长布置的纵向钢筋面积与跨中下部纵向钢筋面积之比值不应小于 0.4;连续墙梁或多跨框支墙梁的托梁支座上部附加纵向钢筋从支座边缘算起每边延伸长度不应小于 $l_0/4$。

⑬承重墙梁的托梁在砌体墙、柱上的支承长度不应小于 350 mm;纵向受力钢筋伸入支座的长度应符合受拉钢筋的锚固长度。

⑭当托梁截面高度 h_b 大于等于 450 mm 时,应沿梁截面高度设置通长水平腰筋,其直径不应小于 12 mm,间距不应大于 200 mm。

⑮对于洞口偏置的墙梁,其托梁的箍筋加密区范围应延到洞口外,距洞边的距离大于等于于托梁截面高度 h_b,如图 6-19 所示,箍筋直径不应小于 8 mm,间距不应大于 100 mm。

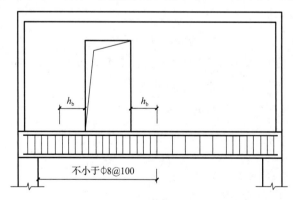

图 6-19 偏开洞时托梁箍筋加密区

【例 6-4】 某四层房屋,底层为大开间,刚性方案,内外纵墙均为 370 mm,底层层高 3.6 m,二层以上层高为 3 m,底层开间 7.2 m,如图 6-20 所示。在底层设置截面尺寸为 250 mm×600 mm 的横向托梁,梁上砌筑 240 mm 厚的承重墙体形成墙梁。托梁采用 C30

混凝土制作,主筋用 HRB400 级钢筋,箍筋用 HPB300 级钢筋,墙体采用 MU10 烧结普通砖和 M10 混合砂浆砌筑。楼屋盖均采用 120 mm 厚预制空心板,屋面永久荷载标准值为 5.26 kN/m²,楼面永久荷载标准值为 3.20 kN/m²,屋面活荷载标准值为 0.5 kN/m²,楼面活荷载标准值为 2.0 kN/m²。240 mm 厚砖墙双面抹灰自重为 5.24 kN/m²。墙梁顶部钢筋混凝土圈梁截面高度为 120 mm。试设计该墙梁。

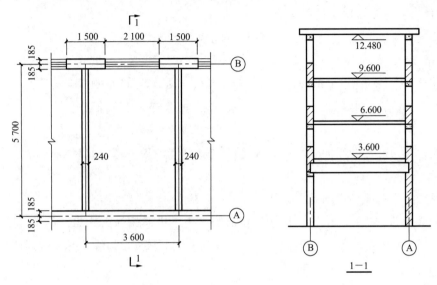

图 6-20　房屋平、剖面简图

【解】　(1)确定墙梁的基本尺寸

墙梁支座中心线距离　$l_c = 5\,700$ mm

墙梁净跨　$l_n = 5\,700 - 370 = 5\,330$ mm,　$1.1l_n = 1.1 \times 5\,330 = 5\,863$ mm

取 l_c 和 $1.1l_n$ 两者中较小值为计算跨度,故 $l_0 = 5\,700$ mm。

由表 6-1,托梁高 $h_b \geqslant l_0/10 = 570$ mm,取 $h_b = 600$ mm。取托梁宽度 $b_b = 250$ mm,则托梁的截面有效高度为

$$h_0 = 600 - 40 = 560 \text{ mm}$$

墙体计算高度 h_w,因二层层高为 3 000 mm,楼板厚为 120 mm,故

$$h_w = 3\,000 - 120 = 2\,880 \text{ mm}$$

墙梁跨中截面计算高度　$H_0 = h_w + 0.5h_b = 2\,880 + 0.5 \times 600 = 3\,180$ mm

$$h_w/l_0 = 2\,880/5\,700 = 0.505 > 0.4$$

满足要求。

(2)使用阶段荷载设计值计算

荷载分项系数:取永久荷载为 1.3、活荷载为 1.5。

①托梁自重标准值

$$0.25 \times 0.6 \times 25 + (0.25 + 0.6 \times 2) \times 0.015 \times 17 = 4.12 \text{ kN/m}$$

②托梁顶面的荷载设计值

永久荷载标准值 $4.12+3.20×3.6=15.64$ kN/m

活荷载标准值 $2×3.6=7.2$ kN/m

$$Q_1=1.3×15.64+1.5×7.2=31.13 \text{ kN/m}$$

③墙梁顶面的荷载设计值

永久荷载标准值

墙重＋楼屋盖重$=5.24×3×2.88+(5.26+2×3.2)×3.6=87.25$ kN/m

活荷载标准值

$$(0.5+0.85×2×2)×3.6=14.04 \text{ kN/m}$$

$$Q_2=1.3×87.25+1.5×14.04=134.49 \text{ kN/m}$$

（3）使用阶段托梁正截面承载力计算

$$M_1=\frac{1}{8}Q_1 l_0^2=\frac{1}{8}×31.13×5.7^2=126.43 \text{ kN·m}$$

$$M_2=\frac{1}{8}Q_2 l_0^2=\frac{1}{8}×134.49×5.7^2=546.2 \text{ kN·m}$$

因为是无洞口墙梁，所以 $\psi_M=1.0$

$$\eta_N=0.44+2.1\frac{h_w}{l_0}=0.44+2.1×\frac{2.88}{5.7}=1.501$$

$$\alpha_M=\psi_M\left(1.7\frac{h_b}{l_0}-0.03\right)=1.0×\left(1.7×\frac{0.6}{5.7}-0.03\right)=0.149$$

$$M_b=M_1+\alpha_M M_2=126.43+0.149×546.2=207.81 \text{ kN·m}$$

$$N_{bt}=\eta_N\frac{M_2}{H_0}=1.501×\frac{546.2}{3.18}=257.81 \text{ kN}$$

$$e_0=\frac{M_b}{N_{bt}}=\frac{207.81}{257.81}=0.806$$

为大偏心受拉构件。

$$e=e_0-\frac{h_b}{2}+a_s=806-\frac{600}{2}+40=546 \text{ mm}$$

$$e'=e_0+\frac{h_b}{2}-a'_s=806+\frac{600}{2}-40=1066 \text{ mm}$$

由大偏心构件的承载力计算公式得

$$N_{bt}\leqslant f_y A_s-f'_y A'_s-f_c b_b x$$

$$N_{bt}e\leqslant f_c b_b x\left(h_0-\frac{x}{2}\right)+f'_y A'_s(h_0-a'_s)$$

取

$$A'_s=\frac{A_s}{3},f_y=f'_y=360 \text{ N/mm}^2,f_c=14.3 \text{ N/mm}^2,f_t=1.43 \text{ N/mm}^2$$

解得

$$x = 25.55 \text{ mm} < 2a'_s = 80 \text{ mm}$$

$$A_s = \frac{N_{bt}e'}{f_y(h'_0 - a'_s)} = \frac{257.81 \times 10^3 \times 1\,066}{360 \times (560 - 40)} = 1\,468.08 \text{ mm}^2$$

选用 4Φ22，实际钢筋面积 $A_s = 1\,520 \text{ mm}^2$。

$$A'_s = \frac{1\,520}{3} = 506.67 \text{ mm}^2$$

选用 3Φ16，实际钢筋面积 $A'_s = 603 \text{ mm}^2$。

(4)使用阶段墙梁的斜截面受剪承载力计算

①墙体受剪承载力计算

翼墙计算宽度 b_f 计算

取窗间墙宽度　$b_f = 1\,500 \text{ mm}$

取横墙间距的 2/3　$3\,600 \times 2/3 = 2\,400 \text{ mm}$

每边不大于 3.5 倍的墙体厚度　$2 \times 3.5h = 2 \times 3.5 \times 240 = 1\,680 \text{ mm}$

每边不大于墙梁计算跨度的 $l/6$　$2l_0/6 = 2 \times 5\,700/6 = 1\,900 \text{ mm}$

故取 $b_f = 1\,500 \text{ mm}$

$$b_f/h = 1\,500/240 = 6.25, \xi_1 = 1.315$$

由于无洞口，$\xi_2 = 1.0$

$$V_2 = \frac{1}{2}Q_2 l_n = \frac{1}{2} \times 134.49 \times 5.33 = 358.42 \text{ kN}$$

$$\xi_1 \xi_2 \left(0.2 + \frac{h_b}{l_0} + \frac{h_t}{l_0}\right)fhh_w = 1.315 \times 1.0 \times \left(0.2 + \frac{600}{5\,700} + \frac{120}{5\,700}\right) \times 1.89 \times 240 \times 2\,880$$

$$= 560.57 \times 10^3 \text{ N} = 560.57 \text{ kN} > V_2 = 358.42 \text{ kN}$$

满足要求。

②托梁斜截面受剪承载力计算

由于是无洞口墙梁边支座，托梁支座边缘剪力系数 $\beta_v = 0.6$。托梁的剪力为

$$V_b = V_1 + \beta_v V_2 = \frac{1}{2}Q_1 l_n + \beta_v \frac{1}{2}Q_2 l_n$$

$$= \frac{1}{2} \times 31.13 \times 5.33 + 0.6 \times \frac{1}{2} \times 134.49 \times 5.33 = 298.01 \text{ kN}$$

复核截面尺寸

$$h_b/b_b = 560/250 = 2.24 < 4$$

$$0.25\beta_c f_c b_b h_0 = 0.25 \times 1.0 \times 14.3 \times 250 \times 560$$

$$= 500.5 \times 10^3 \text{ N} = 500.5 \text{ kN} > V_b = 298.01 \text{ kN}$$

截面尺寸满足要求。

$$0.7f_t b_b h_0 = 0.7 \times 1.43 \times 250 \times 560$$

$$= 140.14 \times 10^3 \text{ N} = 140.14 \text{ kN} < V_b = 298.01 \text{ kN}$$

需要按计算配置箍筋。

$$\frac{nA_{sv1}}{s} \geq \frac{V_b - 0.7f_t bh_0}{f_{yv}h_0} = \frac{298.01 \times 10^3 - 0.7 \times 1.43 \times 250 \times 560}{270 \times 560}$$

$$= 1.044 \ mm^2/mm$$

选 $\phi 10$ 双肢箍，将 $n = 2$、单肢箍筋截面面积 $A_{sv1} = 78.5 \ mm^2$ 代入上式得

$$s \leq \frac{2 \times 78.5}{1.044} = 150.38 \ mm$$

取 $s = 140 \ mm$。

配箍率

$$\rho_{sv} = \frac{nA_{sv1}}{bs} = \frac{2 \times 78.5}{250 \times 140} = 0.449\% > \rho_{sv,min} = 0.24\frac{f_t}{f_{yv}} = 0.24 \times \frac{1.43}{300} = 0.114\%$$

且选择箍筋间距和直径均满足构造要求。

(5)使用阶段托梁支座上部砌体局部受压承载力验算

$$\frac{b_f}{h} = \frac{1\ 500}{240} = 6.25 > 5$$

可不验算局部受压承载力。

(6)施工阶段托梁承载力验算

托梁自重及二层楼面永久荷载 $0.25 \times 0.6 \times 25 + 3.20 \times 3.6 = 15.27 \ kN/m$

墙体自重取 $l_0/3$ 的墙体自重 $\frac{1}{3} \times 5.7 \times 0.24 \times 19 = 8.66 \ kN/m$

永久荷载为 $15.27 + 8.66 = 23.93 \ kN/m$

二层楼面施工荷载(取值同二层楼面活荷载) $2.0 \times 3.6 = 7.2 \ kN/m$

$$Q = 1.3 \times 23.93 + 1.5 \times 7.2 = 41.91 \ kN/m$$

取结构重要性系数 $\gamma_0 = 0.9$

$$\gamma_0 M = 0.9 \times \frac{1}{8} \times 41.91 \times 5.7^2 = 153.19 \ kN \cdot m$$

$$\alpha_s = \frac{M}{\alpha_1 f_c b_b h_0^2} = \frac{153.19 \times 10^6}{1 \times 14.3 \times 250 \times 560^2} = 0.137$$

$$\xi = 1 - \sqrt{1 - 2\alpha_s} = 1 - \sqrt{1 - 2 \times 0.137} = 0.148 < \xi_b = 0.518$$

满足要求。

$$A_s = \xi b_b h_0 \frac{\alpha_1 f_c}{f_y} = 0.148 \times 250 \times 560 \times \frac{1 \times 14.3}{360} = 823.04 \ mm^2 < 1\ 520 \ mm^2$$

满足要求。

$$\gamma_0 V = 0.9 \times \frac{1}{2} \times 41.91 \times 5.33 = 100.52 \ kN < V_b = 298.01 \ kN$$

满足要求。

6.5　墙柱的基本构造措施

6.5.1　一般构造要求

设计砌体结构房屋时,除进行墙、柱的承载力计算和高厚比的验算外,还应满足下列一般构造要求:

(1)预制钢筋混凝土板在混凝土圈梁上的支承长度不应小于 80 mm,板端伸出的钢筋应与圈梁可靠连接,且同时浇筑;预制钢筋混凝土板在墙上的支承长度不应小于 100 mm,并应按下列方法进行连接:

①板支承于内墙时,板端钢筋伸出长度不应小于 70 mm,且与支座处沿墙配置的纵筋绑扎,用强度等级不应低于 C25 的混凝土浇筑成板带;

②板支承于外墙时,板端钢筋伸出长度不应小于 100 mm,且与支座处沿墙配置的纵筋绑扎,并用强度等级不应低于 C25 的混凝土浇筑成板带;

③预制钢筋混凝土板与现浇板对接时,预制板钢筋应伸入现浇板中进行连接后,再浇筑现浇板。

(2)墙体转角处和纵横墙交接处应沿竖向每隔 400～500 mm 设拉结钢筋,其数量为每 120 mm 墙厚不少于 1 根直径 6 mm 的钢筋;或采用焊接钢筋网片,埋入长度从墙的转角或交接处算起,对实心砖墙每边不小于 500 mm,对多孔砖墙和砌块墙不小于 700 mm。

(3)填充墙、隔墙应分别采取措施与周边主体结构构件可靠连接,连接构造和嵌缝材料应能满足传力、变形、耐久和防护要求。

(4)在砌体中留槽洞及埋设管道时,应遵守下列规定:

①不应在截面长边小于 500 mm 的承重墙体、独立柱内埋设管线;

②不宜在墙体中穿行暗线或预留、开凿沟槽,无法避免时应采取必要的措施或按削弱后的截面验算墙体的承载力。

对受力较小或未灌孔的砌块砌体,允许在墙体的竖向孔洞中设置管线。

(5)承重的独立砖柱截面尺寸不应小于 240 mm×370 mm。毛石墙的厚度不宜小于 350 mm,毛料石柱较小边长不宜小于 400 mm。当有振动荷载时,墙、柱不宜采用毛石砌体。

(6)支承在墙、柱上的吊车梁、屋架及跨度大于或等于下列数值的预制梁的端部,应采用锚固件与墙、柱上的垫块锚固:

a. 对砖砌体为 9 m。

b. 对砌块和料石砌体为 7.2 m。

(7)跨度大于 6 m 的屋架和跨度大于下列数值的梁,应在支承处砌体上设置混凝土或钢筋混凝土垫块;当墙中设有圈梁时,垫块与圈梁宜浇成整体。

a. 对砖砌体为 4.8 m。

b. 对砌块和料石砌体为 4.2 m。

c. 对毛石砌体为 3.9 m。

(8)当梁跨度大于或等于下列数值时,其支承处宜加设壁柱,或采取其他加强措施:

a. 对 240 mm 厚的砖墙为 6 m;对 180 mm 厚的砖墙为 4.8 m。

b. 对砌块、料石墙为 4.8 m。

(9)山墙处的壁柱或构造柱宜砌至山墙顶部,且屋面构件应与山墙可靠拉接。

(10)砌块砌体应分皮错缝搭砌,上下皮搭砌长度不得小于 90 mm。当搭砌长度不满足上述要求时,应在水平灰缝内设置不少于 2 根直径不小于 4 mm 的焊接钢筋网片(横向钢筋的间距不应大于 200 mm,网片每端应伸出该垂直缝不小于 300 mm)。

(11)砌块墙与后砌隔墙交接处,应沿墙高每 400 mm 在水平灰缝内设置不少于 2 根直径不小于 4 mm、横筋间距不应大于 200 mm 的焊接钢筋网片,如图 6-21 所示。

(12)混凝土砌块房屋,宜将纵横墙交接处,距墙中心线每边不小于 300 mm 范围内的孔洞,采用不低于 Cb20 混凝土沿全墙高灌实。

(13)混凝土砌块墙体的下列部位,如未设圈梁或混凝土垫块,应采用不低于 Cb20 混凝土将孔洞灌实:

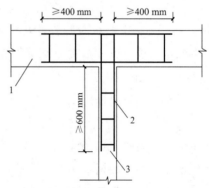

图 6-21 砌块墙与后砌隔墙交接处钢筋网片
1—砌块墙;2—焊接钢筋网片;3—后砌隔墙

a. 搁栅、檩条和钢筋混凝土楼板的支承面下,高度不应小于 200 mm 的砌体。

b. 屋架、梁等构件的支承面下,长度不应小于 600 mm,高度不应小于 600 mm 的砌体。

c. 挑梁支承面下,距墙中心线每边不应小于 300 mm,高度不应小于 600 mm 的砌体。

6.5.2 框架填充墙

(1)框架填充墙墙体除应满足稳定要求外,尚应考虑水平风荷载及地震作用的影响。地震作用可按现行国家标准《建筑抗震设计规范》(GB 50011—2010)中非结构构件的规定计算。

(2)在正常使用和正常维护的条件下,填充墙的使用年限宜与主体结构相同,结构的安全等级可按二级考虑。

(3)填充墙的构造设计,应符合下列规定:

①填充墙宜选用轻质块体材料,其强度等级应符合规范的有关规定。

②填充墙砌筑砂浆的强度等级不宜低于 M5(Mb5、Ms5)。

③填充墙墙体墙厚不应小于 90 mm。

④用于填充墙的夹心复合砌块,其两肢块体之间应有拉结。

(4)填充墙与框架的连接,可根据设计要求采用脱开或不脱开方法。有抗震设防要求时宜采用填充墙与框架脱开的方法。

①当填充墙与框架采用脱开的方法时,宜符合下列规定:

a.填充墙两端与框架柱,填充墙顶面与框架梁之间留出不小于 20 mm 的间隙。

b.填充墙端部应设置构造柱,柱间距宜不大于 20 倍墙厚且不大于 4 000 mm,柱宽度不小于 100 mm。柱竖向钢筋不宜小于 φ10,箍筋宜为 φ^R5,竖向间距不宜大于 400 mm。竖向钢筋与框架梁或其挑出部分的预埋件或预留钢筋连接,绑扎接头时不小于 30d,焊接时(单面焊)不小于 10d(d 为钢筋直径)。柱顶与框架梁(板)应预留不小于 15 mm 的缝隙,用硅酮胶或其他弹性密封材料封缝。当填充墙有宽度大于 2 100 mm 的洞口时,洞口两侧应加设宽度不小于 50 mm 的单筋混凝土柱。

c.填充墙两端宜卡入设在梁、板底及柱侧的卡口铁件内,墙侧卡口板的竖向间距不宜大于 500 mm,墙顶卡口板的水平间距不宜大于 1 500 mm。

d.墙体高度超过 4 m 时宜在墙高中部设置与柱连通的水平系梁。水平系梁的截面高度不小于 60 mm。填充墙高不宜大于 6 m。

e.填充墙与框架柱、梁的缝隙可采用聚苯乙烯泡沫塑料板条或聚氨酯发泡材料充填,并用硅酮胶或其他弹性密封材料封缝。

f.所有连接用钢筋、金属配件、铁件、预埋件等均应作防腐防锈处理,并应符合耐久性的规定。嵌缝材料应能满足变形和防护要求。

②当填充墙与框架采用不脱开的方法时,宜符合下列规定:

a.沿柱高每隔 500 mm 配置 2 根直径 6 mm 的拉结钢筋(墙厚大于 240 mm 时配置 3 根直径 6 mm),钢筋伸入填充墙长度不宜小于 700 mm,且拉结钢筋应错开截断,相距不宜小于 200 mm。填充墙墙顶应与框架梁紧密结合。顶面与上部结构接触处宜用一皮砖或配砖斜砌楔紧。

b.当填充墙有洞口时,宜在窗洞口的上端或下端、门洞口的上端设置钢筋混凝土带,钢筋混凝土带应与过梁的混凝土同时浇筑,其过梁的断面及配筋由设计确定。钢筋混凝土带的混凝土强度等级不小于 C20。当有洞口的填充墙尽端至门窗洞口边距离小于 240 mm 时,宜采用钢筋混凝土门窗框。

c.填充墙长度超过 5 m 或墙长大于 2 倍层高时,墙顶与梁宜有拉接措施,墙体中部应加设构造柱;墙高度超过 4 m 时宜在墙高中部设置与柱连接的水平系梁;墙高超过 6 m 时,宜沿墙高每 2 m 设置与柱连接的水平系梁,梁的截面高度不小于 60 mm。

6.5.3　夹心墙

（1）夹心墙的夹层厚度，不宜大于 120 mm。

（2）外叶墙的砖及混凝土砌块的强度等级，不应低于 MU10。

（3）夹心墙的有效面积，应取承重或主叶墙的面积。高厚比验算时，夹心墙的有效厚度，按下式计算

$$h_l = \sqrt{h_1^2 + h_2^2} \tag{6-23}$$

式中　h_l——夹心复合墙的有效厚度；

　　　h_1、h_2——分别为内、外叶墙的厚度。

（4）夹心墙外叶墙的最大横向支承间距，宜按下列规定采用：设防烈度为 6 度时不宜大于 9 m，7 度时不宜大于 6 m，8、9 度时不宜大于 3 m。

（5）夹心墙的内、外叶墙，应有拉结件可靠拉结，拉结件宜符合下列规定：

①当采用环行拉结件时，钢筋直径不应小于 4 mm，当为 Z 形拉结件时，钢筋直径不应小于 6 mm，拉结件应沿竖向梅花形布置，拉结件的水平和竖向最大间距分别不宜大于 800 mm 和 600 mm，对有振动或有抗震设防要求时，其水平和竖向最大间距分别不宜大于 800 mm 和 400 mm。

②当采用可调拉结件时，钢筋直径不应小于 4 mm，拉结件的水平和竖向最大间距均不宜大于 400 mm。叶墙间灰缝的高差不大于 3 mm，可调拉结件中孔眼和扣钉间的公差不大于 1.5 mm。

③当采用钢筋网片作拉结件时，网片横向钢筋的直径不应小于 4 mm，其间距不应大于 400 mm；网片的竖向间距不宜大于 600 mm，对有振动或有抗震设防要求时，不宜大于 400 mm。

④拉结件在叶墙上的搁置长度，不应小于叶墙厚度的 2/3，并不应小于 60 mm。

⑤门窗洞口周边 300 mm 范围内应附加间距不大于 600 mm 的拉结件。

（6）夹心墙拉结件或网片的选择与设置，应符合下列规定：

①夹心墙宜用不锈钢拉结件。拉结件用钢筋制作或采用钢筋网片，应先进行防腐处理，并应符合耐久性的有关规定。

②非抗震设防地区的多层房屋，或风荷载较小地区的高层的夹心墙可采用环形或 Z 形拉结件；风荷载较大地区的高层建筑房屋宜采用焊接钢筋网片。

③抗震设防地区的砌体房屋（含高层建筑房屋）夹心墙应采用焊接钢筋网作为拉结件。焊接网应沿夹心墙连续通长设置，外叶墙至少有一根纵向钢筋。钢筋网片可计入内叶墙的配筋率，其搭接与锚固长度应符合有关规范的规定。

④可调节拉结件宜用于多层房屋的夹心墙，其竖向和水平间距均不应大于 400 mm。

6.5.4　防止或减轻墙体开裂的措施

引起墙体开裂的一种因素是温度变形和收缩变形。当气温变化或材料收缩时,钢筋混凝土屋盖、楼盖和砖墙由于线膨胀系数和收缩率的不同,将产生各自不同的变形,而引起彼此的约束作用而产生应力。当温度升高时,由于钢筋混凝土温度变形大,砖砌体温度变形小,砖墙阻碍了屋盖或楼盖的伸长,必然在屋盖和楼盖中引起压应力和剪应力,在墙体中引起拉应力和剪应力,当墙体中的主拉应力超过砌体的抗拉强度时,将产生斜裂缝。反之,当温度降低或钢筋混凝土收缩时,将在砖墙中引起压应力和剪应力,在屋盖或楼盖中引起拉应力和剪应力,当主拉应力超过混凝土的抗拉强度时,在屋盖或楼盖中将出现裂缝。采用钢筋混凝土屋盖或楼盖的砌体结构房屋的顶层墙体常出现裂缝,如内外纵墙和横墙的八字裂缝(图6-22),沿屋盖支承面的包角裂缝和水平裂缝(图6-23)以及女儿墙水平裂缝(图6-24)等就是上述原因产生的。

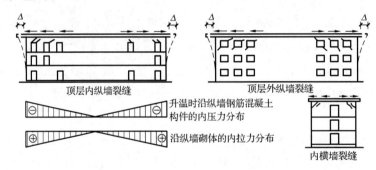

图6-22　因温差引起的八字裂缝示意

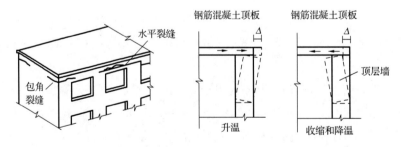

图6-23　因温差引起的外墙包角和水平裂缝示意

地基产生过大的不均匀沉降,也是造成墙体开裂的一种原因。当地基为均匀分布的软土,而房屋长高比较大时,或地基土层分布不均匀、土质差别很大时,或房屋体型复杂或高差较大时,都有可能产生过大的不均匀沉降,从而使墙体产生附加应力。当不均匀沉降在墙体内引起的拉应力和剪应力一旦超过墙体的强度时,就会产生裂缝。如图6-25所示为某办公楼因地基不均匀沉降使墙体开裂示意。

(1)为了防止或减轻房屋在正常使用条件下,由温差和砌体干缩引起的墙体竖向裂缝,应在墙体中设置伸缩缝。伸缩缝应设在因温度和收缩变形引起应力集中、砌体产生裂缝可能性最大处。伸缩缝的间距可按表6-2采用。

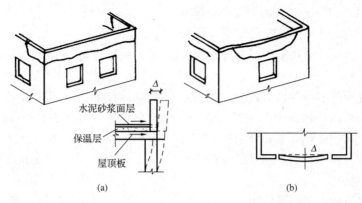

图 6-24 因温差引起的女儿墙裂缝示意

图 6-25 某办公楼因地基不均匀沉降使墙体开裂示意

表 6-2   砌体房屋伸缩缝的最大间距   m

屋盖或楼盖类别		间距
整体式或装配整体式钢筋混凝土结构	有保温层或隔热层的屋盖、楼盖	50
	无保温层或隔热层的屋盖	40
装配式无檩体系钢筋混凝土结构	有保温层或隔热层的屋盖、楼盖	60
	无保温层或隔热层的屋盖	50
装配式有檩体系钢筋混凝土结构	有保温层或隔热层的屋盖	75
	无保温层或隔热层的屋盖	60
瓦材屋盖、木屋盖或楼盖、轻钢屋盖		100

注：1. 对烧结普通砖、烧结多孔砖、配筋砌块砌体房屋,取表中数值;对石砌体、蒸压灰砂普通砖、蒸压粉煤灰普通砖、混凝土砌块、混凝土普通砖和混凝土多孔砖房屋,取表中数值乘以 0.8 的系数,当墙体有可靠外保温措施时,其间距可取表中数值。

2. 在钢筋混凝土屋面上挂瓦的屋盖应按钢筋混凝土屋盖采用。

3. 层高大于 5 m 的烧结普通砖、烧结多孔砖、配筋砌块砌体结构单层房屋,其伸缩缝间距可按表中数值乘以 1.3。

4. 温差较大且变化频繁地区和严寒地区不采暖的房屋及构筑物墙体的伸缩缝的最大间距,应按表中数值予以适当减小。

5. 墙体的伸缩缝应与结构的其他变形缝相重合,缝宽度应满足各种变形缝的变形要求;在进行立面处理时,必须保证缝隙的变形作用。

（2）为防止或减轻房屋顶层墙体的裂缝,宜根据情况采取下列措施:

①屋面应设置保温、隔热层。

②屋面保温（隔热）层或屋面刚性面层及砂浆找平层应设置分隔缝,分隔缝间距不宜大

于 6 m,其缝宽不小于 30 mm,并与女儿墙隔开。

③采用装配式有檩体系钢筋混凝土屋盖和瓦材屋盖。

④顶层屋面板下设置现浇钢筋混凝土圈梁,并沿内外墙拉通,房屋两端圈梁下的墙体内宜设置水平钢筋。

⑤顶层墙体有门窗等洞口时,在过梁上的水平灰缝内设置 2～3 道焊接钢筋网片或 2 根直径 6 mm 的钢筋,焊接钢筋网片或钢筋应伸入洞口两端墙内不小于 600 mm。

⑥顶层及女儿墙砂浆强度等级不低于 M7.5(Mb7.5,Ms7.5)。

⑦女儿墙应设置构造柱,构造柱间距不宜大于 4 m,构造柱应伸至女儿墙顶并与现浇钢筋混凝土压顶整浇在一起。

⑧对顶层墙体施加竖向预应力。

(3)为防止或减轻房屋底层墙体的裂缝,宜根据情况采取下列措施:

①增大基础圈梁的刚度。

②在底层的窗台下墙体灰缝内设置 3 道焊接钢筋网片或 2 根直径 6 mm 钢筋,并应伸入两边窗间墙内不小于 600 mm。

(4)在每层门、窗过梁上方的水平灰缝内及窗台下第一和第二道水平灰缝内,宜设置焊接钢筋网片或 2 根直径 6 mm 的钢筋,焊接钢筋网片或钢筋应伸入两边窗间墙内不小于 600 mm。当墙长大于 5 m 时,宜在每层墙高度中部设置 2～3 道焊接钢筋网片或 3 根直径 6 mm 的通长水平钢筋,竖向间距为 500 mm。

(5)房屋两端和底层第一、第二开间门窗洞处,可采用下列措施:

①在门窗洞口两边墙体的水平灰缝中,设置长度不小于 900 mm、竖向间距为 400 mm 的 2 根直径 4 mm 的焊接钢筋网片。

②在顶层和底层设置通长钢筋混凝土窗台梁,窗台梁高宜为块材高度的模数,梁内纵筋不少于 4 根,直径不小于 10 mm,箍筋直径不小于 6 mm,间距不大于 200 mm,混凝土强度等级不低于 C20。

③在混凝土砌块房屋门窗洞口两侧不少于一个洞口中设置直径不小于 12 mm 的竖向钢筋,竖向钢筋应在楼层圈梁或基础内锚固,孔洞用不低于 Cb20 混凝土灌实。

(6)填充墙砌体与梁、柱或混凝土墙体结合的界面处(包括内、外墙),宜在粉刷前设置钢丝网片,网片宽度可取 400mm,并沿界面缝两侧各延伸 200 mm,或采取其他有效的防裂、盖缝措施。

(7)当房屋刚度较大时,可在窗台下或窗台角处墙体内、在墙体高度或厚度突然变化处设置竖向控制缝。竖向控制缝宽度不宜小于 25 mm,缝内填以压缩性能好的填充材料,且外部用密封材料密封,并采用不吸水的、闭孔发泡聚乙烯实心圆棒(背衬)作为密封膏的隔离物,如图 6-26 所示。

(8)夹心复合墙的外叶墙宜在建筑墙体适当部位设置控制缝,其间距宜为 6～8 m。

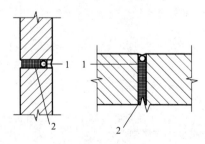

图 6-26　控制缝构造
1—不吸水的、闭孔发泡聚乙烯实心圆棒;
2—柔软、可压缩的填充物

本章小结

（1）常用的过梁类型有砖砌平拱过梁、钢筋砖过梁和钢筋混凝土过梁。砖砌平拱、钢筋砖过梁仅适用于跨度较小、无振动、地基均匀及无抗震设防要求的建筑物，否则应采用钢筋混凝土过梁。

（2）作用在过梁上的荷载有墙体荷载和过梁计算高度范围内梁板传来的荷载。过梁上的荷载与过梁上墙体高度有关，当超过一定高度时，由于拱的卸荷作用，上部的荷载可直接传到支座或洞口两侧的墙体上。根据过梁的工作特征和破坏形态，砖砌过梁应进行跨中正截面受弯承载力和支座斜截面受剪承载力计算；钢筋混凝土过梁应进行跨中正截面受弯承载力和支座斜截面受剪承载力计算以及过梁下砌体局部受压承载力验算。

（3）圈梁的作用是增强房屋的整体性和空间刚度，防止由于地基的不均匀沉降或较大振动荷载等对房屋引起的不利影响。因此，在各类砌体房屋中均应合理设置圈梁，同时还应满足有关构造要求，以充分发挥圈梁的作用。

（4）挑梁的受力过程可分为弹性、界面水平裂缝发展及破坏三个受力阶段。针对挑梁的受力特点和破坏形态，挑梁应进行抗倾覆验算、挑梁下砌体局部受压承载力验算和挑梁本身承载力计算。此外，挑梁的配筋及埋入砌体内的长度还应符合有关构造要求。

（5）墙梁按承受荷载性质分为自承重墙梁和承重墙梁；按支承条件的不同又可分为简支墙梁、连续墙梁和框支墙梁。墙梁设计时应满足一般规定的要求以及对材料、墙体、托梁、开洞等方面的构造要求。

（6）影响墙梁破坏形态的主要因素有：墙体高跨比、托梁高跨比、砌体及混凝土强度等级、托梁纵筋配筋率、加荷方式、墙体开洞情况以及有无翼墙等。由于这些因素的不同，墙梁可能发生弯曲破坏、斜拉破坏、劈裂破坏、斜压破坏、局压破坏等破坏形态。因此，墙梁应分别进行使用阶段的托梁正截面承载力和斜截面受剪承载力计算，墙体受剪承载力和托梁支座上部砌体局部受压承载力验算，以及施工阶段托梁承载力验算。

（7）设计混合结构房屋时，除进行墙柱的承载力计算和高厚比验算外，还应满足墙柱的一般构造要求，这是为了保证结构的耐久性，保证房屋的整体性和空间刚度。

（8）引起墙体开裂的主要因素是温度收缩变形和地基的不均匀沉降，为了防止和减轻墙体的开裂，除了在房屋的适当部位设置沉降缝和伸缩缝外，还可根据房屋的实际情况采取一些经过工程实践证明确实行之有效的措施。

思考题

6-1 常用砌体过梁的种类及适用范围是怎样的？

6-2 如何确定过梁上的荷载？

6-3 圈梁的作用是什么？圈梁的设置有哪些要求？

6-4 挑梁有哪几种破坏形态？挑梁的承载力计算内容包括哪几方面？

6-5 挑梁的倾覆点和抗倾覆力矩设计值分别如何确定？

6-6 墙梁的破坏形态有哪几种？它们分别是在什么情况下发生的？

6-7   无洞口墙梁、有洞口墙梁的受力特点各是什么？

6-8   墙梁的计算简图如何确定？墙梁上的荷载如何确定和取值？

6-9   墙梁承载力计算有哪些内容？

6-10   在设计混合结构房屋时，为什么除进行承载力计算和验算外，还应满足构造要求？

6-11   引起墙体开裂的主要因素是什么？

6-12   为防止或减轻房屋顶层墙体的裂缝，可采取什么措施？

习　题

6-1   已知砖砌平拱过梁净跨 $l_n = 1.2$ m，采用 MU15 混凝土普通砖和 Mb5 混合砂浆砌筑，墙厚 240 mm，在距洞口顶面 1.0 m 处作用梁板荷载设计值 3.6 kN/m，试验算该过梁的承载力。

6-2   已知某墙窗洞口净跨 $l_n = 1.5$ m，墙厚 240 mm，采用钢筋砖过梁，用 MU10 烧结多孔砖和 M5 混合砂浆砌筑，钢筋砖过梁已配置 2Φ6 的 HPB300 级钢筋。试求该过梁所能承受的允许均布荷载。

6-3   已知过梁净跨 $l_n = 3.6$ m，过梁上墙体高度为 1.0 m，墙厚 240 mm，承受梁板荷载 12.6 kN/m（其中活荷载 5.25 kN/m），采用 MU15 蒸压灰砂普通砖和 M5 混合砂浆砌筑，过梁混凝土强度等级为 C25，纵筋为 HRB400 级钢筋，箍筋为 HPB300 级钢筋。试设计该混凝土过梁。

6-4   承托阳台的钢筋混凝土挑梁埋置于丁字形截面的墙体中，如图 6-27 所示。挑梁混凝土强度等级为 C30，主筋采用 HRB400 级钢筋，箍筋采用 HPB300 级钢筋，挑梁根部截面尺寸为 240 mm×240 mm。挑梁上、下墙厚均为 240 mm，采用 MU10 烧结多孔砖与 M5 混合砂浆砌筑。图中挑梁上的荷载均为标准值。试设计该挑梁。

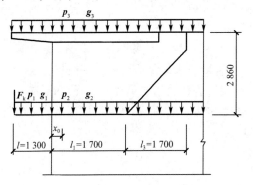

恒荷载	活荷载
F_k=8.4 kN/m	p_1=11.42 kN/m
g_1=12.84 kN/m	p_2=5.82 kN/m
g_2=12.12 kN/m	p_3=2.90 kN/m
g_3=14.64 kN/m	

挑梁自重：挑出部分 1.20 kN/m
　　　　　埋入部分 1.44 kN/m

图 6-27   挑梁受力图

6-5   某入口处钢筋混凝土雨篷，尺寸如图 6-28 所示。雨篷板均布面恒荷载 g_k 为 2.88 kN/m²，均布面活荷载 q_k 为 0.96 kN/m²，集中线荷载 F 为 1.0 kN/m。雨篷的净跨度（门洞）为 2.0 m，梁两端伸入墙内各为 500 mm。雨篷板采用 C25 混凝土、HPB300 级钢筋。试设计该雨篷。

6-6   某单跨五层商店—住宅的局部平、剖面如图 6-29 所示。托梁 $b_b \times h_b$ = 250 mm×800 mm，混凝土强度等级为 C30，纵筋为 HRB400 级钢筋，箍筋为 HPB300 级钢筋。托梁支

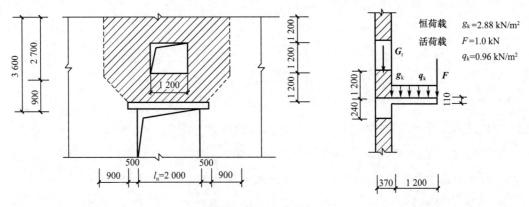

图 6-28　雨篷受力图

承在 370 mm 厚墙体上,托梁上墙体厚为 240 mm,采用 MU10 烧结多孔砖,计算高度范围内用 M10 混合砂浆,其余用 M7.5 混合砂浆砌筑,试设计该墙梁。

各层荷载标准值:

二层楼面	永久荷载 4.0 kN/m²	活荷载 2.0 kN/m²
三~五层楼面	永久荷载 3.5 kN/m²	活荷载 2.0 kN/m²
屋面	永久荷载 4.5 kN/m²	活荷载 0.5 kN/m²

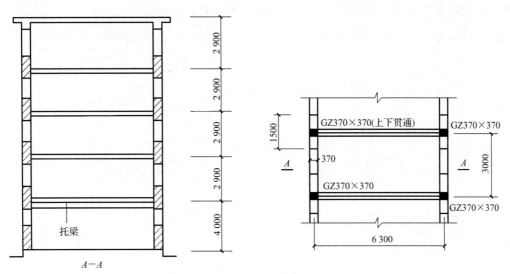

图 6-29　房屋平、剖面简图

参 考 文 献

［1］砌体结构设计规范 GB50003—2011.北京：中国建筑工业出版社,2011

［2］砌体结构工程施工质量验收规范 GB 50203—2011.北京：中国建筑工业出版社,2011

［3］混凝土结构设计规范 GB50010—2010(2015 年版).北京：中国建筑工业出版社,2015

［4］刘立新.砌体结构.第 4 版.武汉：武汉理工大学出版社,2012

［5］何培玲,尹维新.砌体结构.第 2 版.北京：北京大学出版社,2013

［6］张建勋.砌体结构.第 4 版. 武汉：武汉理工大学出版社,2012

［7］熊丹安,李京玲.砌体结构.第 2 版.武汉：武汉理工大学出版社,2010

［8］谢启芳,薛建阳. 砌体结构.第 2 版.北京：中国电力出版社,2013

［9］张玉敏,郑伟.建筑结构(下册).大连：大连理工大学出版社,2011

［10］建筑结构荷载规范 GB 50009—2012.北京：中国建筑工业出版社,2012

［11］建筑结构可靠性设计统一标准 GB 50068—2018.北京：中国建筑工业出版社,2019